同济建筑设计教案

TEACHING PLANS OF ARCHITECTURAL DESIGN, CAUP, TONGJI UNIVERSITY

同济大学建筑与城市规划学院建筑系 编著

同 济 大 学 出 版 社

U0334529

目录
Contents

序

基础教学

三、四年级

毕业设计

研究生

序
Preface

教案的重要意义之一是交流
Communication: One of the Most Important Purposes of Design Teaching

吴长福 / 同济大学建筑与城市规划学院建筑系 教授
　　　　全国高等学校建筑学学科专业指导委员会 副主任
　　　　同济大学建筑学学科专业委员会 主任

　　建筑设计课程的学生作业与教案一起附梓出版，这在同济尚属首次，书中颇为整体地呈现了各年级优秀课程设计作业与其背后教学过程的内在应对关系。其中，目标清晰、选题新颖、训练重点突出、操作方法恰当的教案设计，则体现了同济建筑专业教师在教学工作上的潜心笃志与锐意进取。本书在提供了难得的交流范本的同时，也必将引发和推动读者对教案的重视与对教案相关问题的深入思考。

　　通常意义上的教案，一般是指课程教学中落实教学内容与教学方法的具体安排计划，是教师在课程教学中采用的过程性步骤。若仅仅如此，则教案未必那么重要与必需。20 世纪 90 年代后期，同济大学建筑与城市规划学院曾一度狠抓课程教案建设，并作为衡量教师教学工作态度的一个重要方面，但是也有教师对此不以为然，"教了这么多年书，哪还用写教案"。的确，我们听过一些资深教师十分精彩的即兴讲课，但或许他们之前有过精心酝酿，或许他们的讲课内容及步骤早已成竹在胸。其实，这种内心的经验储备类似于一种隐形教案，一种相对私密化的讲课计划。但是当办学愈加规模化时，教授活动以教师团队而非个体开展，特别就建筑设计课程而言，一个课程选题往往有几位甚至十多位教师一起辅导，那么如何选取教学手段、把控教学节奏、落实教学重点 相对公共的书面教案的设计与制订就显得尤为关键了。此时教案作为一个沟通教学各方的媒介，交流成了它的一个重要意义。

　　正如某些教育学家指出的，"教育是人类一种特殊的交流活动，教学活动作为教育活动的重要组成部分，失去了交流的教学也就失去了其真正的意义"。而教案在教学交流中的维度是多方面的。首先是教师层面。在设计课程的同一课题中，不同的任课教师分别指导各自小组的学生，由于教学经验、学术专长各异，教师间的差异性还是显而易见的，这就需要借助教案的控制，促成教师之间的互相交流，并具体协调各自的教学行为，以保障在一定的教学标准下，顺利完成阶段教学任务。其次是师生层面。教案应该在课程教学之初即让学生知悉，这不仅使学生能够提前预习将要学习的内容，更可使他们理解课程教学目标、方法和步骤的全过程，从而使之能参与其中，并与教师形成积极互动。通过教案来加强交流沟通，提倡教师与学生明明白白的教与学，这是提升教学效果的基本途径。

教案作为教学过程中一种最为末端的实用性教学文书，它受到专业规范、培养方案、教学计划、课程体系及教学大纲等的层层制约与引导。教案的制订应以服务于各阶段的教学目标为原则，对此，教案既要有连续性，把握本课程在整个专业培养过程的地位与作用；又要有选择性，突出相应的教学重点与难点，并在教学方法、实施步骤，甚至最后的成果评价上强调每一课程的针对性。一直以来，同济建筑专业教学通过教学总纲与建筑设计类课程教学子纲的建立，引导与强化教案的整体性、系统性建设，并取得了显著的成效。

在教案规范下，每一课程设计都应有明确的教学重点。同样，每一课程设计作业的侧重点也应反映出教案的教学要求。全国高等学校建筑学学科专业指导委员会为提升国家整体建筑教学水准而组织的年度专业教学竞赛，经历了起初的各类命题设计，到之后的分年级作业展评，再到教案与作业一起展评的各个阶段，从中反映出从仅仅关注设计作业本身向一个设计教学过程与设计作业成果并重的、更能契合教学质量规律的方向转变。每一设计作业成果的背后，都有其特定的生成过程。由此，在评判一份设计作业时，不应以一般的建筑创作标准来面面俱到地衡量，最主要的是看它对教案及其要求的响应程度，每一份作业都是为了有重点地训练部分建筑设计问题，而并非解决全部问题。优秀的设计作业应出色地解答本课程教案提出的主要问题，反之，好的教案不但能够促成优秀设计作业的产生，更为整体设计作业水准的保障提供了依托。而这正是学校实施专业教学的根本价值所在。

教案区别于教学大纲与教学任务书，除了教学内容、教学目的、教学要求以及时数分配外，重点是教学方法的选择、教学手段的运用与教学步骤的安排。就设计课程而言，主要的教学方法还是理论讲授与设计指导。根据不同的年级阶段与设计选题，理论讲授的内容与授课主体也有所不同，例如交叉学科知识的传播与各方专家的教学参与可为课程设计开拓新的视界。在设计指导上，推行学生自主撰写调查报告、案例分析，以及配合传统改图方式的多形式、分阶段的课堂专业讨论等教学手段的应用，已成为现今课程设计教学改革的主要趋势。

教案在课程教学中的基础性、先导性特征，决定着其操作过程必须考虑到与其相适应的现实关系。其一是教案共性与个性的辩证统一。教案在规范必要的课程教学的同时，应为教师的能动性运用留有一定的空间。充分鼓励并发挥好每一位教师的知识与能力专长，是形成多元化教学特色的必要前提。在实际操作中，教师依据各自所长创造性地细化与拓展教案内容，这不失为一种有效的自主教学方法。其二是教案稳定性与动态性的集合相成。教案的制订依据使得它本身带有一定的稳定性，它面对的主体是禀赋、兴趣及潜能各异的学生，为此，教案执行必须灵活应对，因势利导，努力做到"各因其材之高下与其所失而告之"。教案也需要在实践中不断修正与完善，教案的每一次改进，都是一种可贵的教学积累、一个教学水准的新提升。

以本书为鉴，关注教案，我们还可以获得更多的启示。

两种能力的培养：自主学习与独立判断

Cultivation of Two Capabilities: Autonomic Learning and Independent Judgement

蔡永洁 / 同济大学建筑与城市规划学院 教授，建筑系主任

什么样的教案在今天称得上是一个优秀的教案？

建筑师培养目前在中国最突出的难题（这并非建筑学教育的问题，而是目前教育在整个中国的普遍问题）就是如何突破学生自幼儿园以来长期形成的自主能力缺乏的瓶颈。这个瓶颈的后果就是教师不得不不遗余力地反复传授知识点，试图让学生什么知识点都学到，以便他们离开校园后就能应对工作中出现的所有问题。这种以知识点传授，而不是以知识体系建立为基本思路的教育方式就是事先给定整个培养中必须掌握的知识点，然后将所有知识点融入教学环节，传授（灌输）给学生，表现在设计训练上就是普遍盛行的空间类型方式，通过多次不同建筑类型的设计训练让学生掌握这些建筑类型的设计要领，它导致学生无止境地反复训练，教师反复的上课。学生辛苦，教师也累。

美国许多设计院校早已将本科生培养从专业训练转型到以通识课为线索的基本素质培养，只在硕士阶段进行最多三年的建筑学训练，就让毕业生走向社会。我们不禁要问，他们是如何在三年内培养出建筑师来的？大家都认为美国的高等教育很好，到底好在哪里？为什么我们的建筑师培养需要七到八年的时间？是我们的学生素质不够，还是我们的教师能力不足？已经被证明了的是，我们那些本科毕业以后去欧美完成硕士学业的学生一般都能获得当地教授的好评。由此看来，问题不在学生身上，而是在我们的教学方法上。

西方教育与中国教育的最大区别就在于西方教育并不拘泥于传授给每个学生完

整的知识点，而是让他们掌握学习和工作的方法，这种方法保证学生在学习阶段以及走向工作岗位后能自主地学习和独立地判断，养成他们终身学习的意识与能力。这种方法需要教师完成的工作就是引导学生建立一种专业的知识框架，让学生自行去填补其中的知识点（自学）。这种方法必须有个基本前提，就是出口把关（淘汰制度），这在中国的现实中还难以实现。所以在国外学习有一个共同特点，工作量看上去不大，但精神压力大。以方法训练为线索的教育带来的一个副产品就是许多建筑学校出来的年轻人后来都改了行，一方面因为就业市场问题，另一方面也是因为这些毕业生在掌握了方法之后可以自学很多其它知识，保证了他们的横向职业选择。国人对此并非全然不知，但显然缺乏勇气进行大胆的改革。中国的问题还在于一切都是自上而下——由教育部、专业指导委员会定大纲，学校必须执行。在过去的几年，教育部推行过"卓越工程师"培养计划，一些学校，包括同济大学在内，以此为契机修改了培养方案，将本科学制从五年改为四年，让部分学生四年毕业后免试直升硕士，使这些学生节约了一年的时间。对此各校教师看法不一，许多人始终担心四年制的毕业生不如五年制的。这些担忧显然忽视了两个事实：一是这些学生赢得了一年在社会上锻炼的时间；二是评判五年制和四年制教学的好坏，不是以学生毕业时的状态为依据，而是要看毕业生的发展潜力，即十年以后他们对社会的贡献。这种已经被普遍认同的判断原则必须以一种教学方式为前提，即培养学生自主学习和终身学习的意识与能力，也就是方法训练。

依照这种观点，可以重新定义一个优秀的建筑设计教案：

第一，优秀教案不应该是孤立的，它是一个完整的培养体系中的一个组成环节。因此，判断一个教案的标准，首先应该观察其是否符合整个培养体系的教学策略。教案设计上的过分自我可能会导致对培养体系的损伤，比如教师观点与方法的分歧可能造成的方向不明而导致学生的困惑，也影响培养目标的贯彻。因此，重要教案的设计应该由具有足够教学经验的教师来把握，他必须理解培养方案的总体精神，并能将这种精神融入自己的教案中。

第二，优秀的教案是以方法训练为基础的。方法训练是对学生自主学习、终身学习的意识和能力的一种修炼，它不是以建筑类型的设计训练为基础的，而是强调建筑设计中基本方法的掌握，甚至有意识地将部分知识点留给学生自己去学习和掌握，一般要求通过建筑设计全过程的训练来实现，包含了解读课题、调研分析、方案构思、深化以及与建筑其他工种的技术整合的全过程，是强调理性思维的工作方法，因此这是一个具有相当周期的训练，保证学生有足够的时间消化和理解过程中的各个环节。这也就解释了为什么西方建筑学校的设计训练一般都至少有一个学期、甚至一年，而不像我们常常采用的半个学期。目前我们大多采用的半学期周期的弊端是：频率过快，导致学生无暇思考，更难有足够时间深化设计，设计成果仅仅停留在概念以及表面的形式层面；与方法训练紧密相关的系统性、深度等远不可能落实。

第三，优秀的教案应该引导和修炼学生独立判断的能力。设计训练中应该留给学生一些判断和发挥的空间，鼓励学生自主工作。这样的训练要求教案的设计不能将每一个任务环节描述得过分具体，甚至应该预留某些任务让学生自己去制订，这样的训练可以敦促学生自己去思考和发现问题。另外，不必过分强调设计训练的先后关系，应该适当打破年级的界限，设计出某些环节上知识点不足的情况，让学生自己去弥补缺少的知识点，逐步养成自学的能力。在教案的实施中，教师也应该要求学生自己去查阅资料寻求答案，而不能直接帮助学生解答。一种可能会引起争议、但颇具效果的极端方式就是没有辅导的设计训练，它逼迫学生自行判断。对于独立能力强的学生而言可能效果很好，但弱者可能因此沦丧。较好的办法是在量上适当引入。

以上对教案设计的三点要求其实都很高。一方面要求我们要建立科学合理且符合当今建筑师培养要求的教学体系（培养的目标与方法），要求教案的制订者在理解这种培养体系的基础上将自己设计的教案纳入这个体系进行考量，使其符合培养方案的总体要求。另一方面，相对知识点的传授，实施这种教案的难度更大，因为传授只是抛售知识，而方法训练是在修炼人。其实我们大家都早已经意识到了方法训练对人才培养的重要性，但因为它相对于知识传授而言对教育者的要求明显更高，这大概就清楚地解释了为什么我们始终很难实现从知识点传授到方法训练的彻底转型。

建筑设计教学的技术维度
The Technical Dimension of Design Teaching

王一 / 同济大学建筑与城市规划学院建筑系 副教授，教学系主任

场地与文脉（site and context）、功能与形式（use and form）、建造与材料（building methods and materials）三者是建筑设计的核心问题，分别指向建筑学的环境、空间和技术三个维度。这三个维度也是贯穿建筑设计教学始终的关键问题。其中，建筑学的技术维度一方面是指建筑设计总是在可行的建筑技术条件下进行的，技术是实现建筑设计目标的手段和方法，建筑创作不能超越技术的可能性和技术经济的合理性；但是，技术又不仅仅是实现建筑的手段和方法。一方面，技术的发展也会对建筑学的观念、思维和价值观产生深刻的影响，回顾现代建筑运动的兴起，不难看到技术发展在背后的驱动作用。另一方面，建筑师的创作能力在很大程度上受到其对于技术可能性理解的深度和技术运用的自觉性的影响。从建筑学专业教育的角度而言，技术类课程，包括通常所说的技术基础课程（如建筑力学、建筑结构等）、建造技术课程（如建筑构造、结构选型等）和环境控制技术课程（如建筑声学、建筑节能、建筑光学等）等课程，向来是建筑学专业课程体系的主干内容之一。全国高等院校建筑学科专业指导委员会编制的《高等学校建筑学本科指导性专业规范》指出，建筑技术是建筑学专业毕业生所必须掌握的知识体系里的六个专业知识领域之一，规范对相应的课程提出了具体的建议。而在同济建筑学专业培养方案中，技术类课程同设计类课程、理论类课程和艺术类课程一起，成为贯穿专业培养全过程的主要教学线索。技术类课程的教学，保证了学生对于技术基础知识的了解，基本实现了同济建筑学"知识＋能力＋人格"矩阵培养方案中的"知识"体系的培养指标。但要把技术知识的了解拓展为对技术知识的理解和运用，并转化为推动设计的创新能力，仅仅通过技术类课程的知识学习并不能达成，而应当强化

设计教学与技术性内容的深度整合。针对这一目标，我们不断进行"知识＋能力"的建筑技术教学探索。一方面，力图改变技术课程单纯知识讲授技术知识的传统教学模式，将实验和实践操作结合到技术课程教学中，让学生通过对技术的运用来加深对于技术知识的领悟。另一方面，则是将技术性的教学内容同建筑学专业培养的核心——建筑设计课程协同教学，让学生在课程设计中认识到建筑技术对于实现设计目标的作用和价值，提高运用技术的能力和自觉性。

1 阶段一：基于建造操作的设计基础教学

基础教学阶段是学生进入建筑专业学习的关键阶段，是建立基本建筑技术观念的重要环节。在基础阶段，通过循序渐进的建造体验，使得学生逐步理解结构、材料和构造的空间形态意义和空间形态背后的结构、材料和构造内涵。

例如，"木构建造实验"课程由受荷构件、木结构案例研究和木构桥建造三个由浅及深的环节构成。受荷构件让学生形成对材料的结构性能和形态的结构力学特征的理性认识；而对经典木结构体系的案例分析研究，则让学生进一步理解同一材料由于结构方式的不同带来的空间、形态的差异性和可能性；木构桥建造实验，则让学生体会了比较结构的形式感和结构合理性之间的相互关系，以及通过构造手段将结构构件连接来发挥出结构整体性能的过程和方法。"纸板屋建造"课程在以上教学环节的基础上，让学生使用包装箱纸板这种可加工性强，但是又具有一定结构刚性的材料，体验一种接近真实尺度的方式"造房子"的过程。这个课程既整合了前面几个环节的训练点，又让学生通过在自己建造的建筑空间中进行的活动体验，逐渐把握建筑使用功能、人体尺度和空间形态的关系，为后续的设计学习做好准备。

2 阶段二：结合复杂项目技术专题的设计原理教学

与本科一、二年级的偏重专项训练的设计安排不同，三、四年级的设计课题综合性越来越强。虽然具体的设计课题可能围绕某个专题展开，例如建筑与自然环境的关系、建筑与人文环境的关系、建筑的群体关系等，但学生几乎都要去解决一个有相当规模的综合性建筑的设计问题，其中牵涉的技术问题也更加复杂。结合设计原理课的技术专题成为这一阶段的教学重点。

例如，在"高层建筑和城市综合体"这一设计课题里，技术要求和相对应的设计规范对于建筑创作有严格的约束。在课程设计中，除了要解决一般的流线组织之外，还要考虑大型商业建筑和高层建筑的消防分区、防烟楼梯、消防电梯等；除了要布置好任务书所要求的一些列功能空间之外，还要安排配电房、水泵房和消防水池等设备空间。因此，在结合原理课安排的技术专题系列讲座中，充分利用校企合作资源，邀请资深设计师主讲，内容涉及建筑设备、结构选型、建筑幕墙等多个方面。而在"居住区设计"教学中，日照问题既是原理课讲授的重要内容，也是设计方案比较和设计成果评价的重要技术标准。

3 阶段三：基于研究与教学相结合的设计专题教学

四年级的自选课题是建筑设计教学的一个特殊阶段。在这一阶段，设计教学由惯常的给学生安排教师、题目的方法，变为教师结合自己的研究方向制定课题，学生自由选题。

诸如环境行为、节能建筑、大跨度建筑、观演建筑等课题，都是来源于教师的研究方向。在这些方向上，教师对于相应的技术内涵的理解有很深的造诣，能精准地把握设计教学中的技术性内容，鼓励学生对建筑领域中的新技术、新结构、新材料等诸多方面进行探索研究，并结合技术方法对设计方案进行评价和优化。参数化、生态建筑、热力学等作为当代建筑学的新兴方向，也成为设计专题教学的重要内容。

总之，要贯彻设计和技术协同的教学理念，设计课的教学设计是关键，其中包括设计课与技术类课程的关系、设计课的长题与短题的搭配、课题类型与技术专题的匹配、师资组织、设计评价方式等一系列问题。在设计中对于技术问题的讨论，需要学生具备一定的技术知识，这就要求在不同的教学阶段形成设计课程教学和技术课程教学两条主线的交织关系。而设计中技术性内容的贯彻，则对设计的深度提出了较高的要求。因此，有必要设置一些强调全过程、设计深度和技术要求的一定数量的长题单元（一个学期17周，甚至是一个学年34周）。而标准单元（8.5周）的设置则体现对关键教学问题的贯彻和开放性、研究性设计的兼顾。当然，长题单元的教学不是简单把短题的教学时间拉长。如何把原理教学、调查研究、设计讲评、技术专题等进行有机地编织，在合理的时间节点上介入不同的教学节点，推动教学的步步深入，是需要不断探索的问题。师资队伍的合理组织是支撑设计教学活动开展的基础。在整个教学过程中，以具有丰富工程经验的设计课教师为主导，并有来自企业的工程师、技术课程教师等的介入和协同工作，也对设计课的教师组织提出了更高的要求。同时需建立更加全面的设计教学评价标准，既要强调创意，也要注重技术合理，把技术运用的合理性、自觉性和创造性作为学生设计评价的重要标准。

教案一览表

Design Topics

阶段	年级	教案题目	教案撰写
基础教学	一年级	空间与身体	胡滨
	二年级	光与展品的回响	胡滨
	二年级	建筑生成设计基础	戚广平
	一年级	陶艺：生物体空间采集与转译	岑伟
三、四年级	三年级	建筑与人文环境设计：民俗博物馆	张凡
	三年级	建筑与自然环境设计：山地体育俱乐部	孙光临
	三年级	城市综合体	谢振宇
	三年级	未来博物馆	袁烽
	三年级	小菜场上的家（实验班）	王方戟
	四年级	居住区规划：同济新村更新规划设计	姚栋
	四年级	上海北外滩虹口港地区城市设计	陈泳
	四年级	建筑学专题设计：绿色领事馆	李振宇
	四年级	建筑学专题设计：观演建筑	袁烽
	四年级	建筑学专题设计：交通建筑	魏崴
	四年级	建筑学专题设计：同济大学建筑与城市规划学院 B 楼综合整治设计	李斌
	四年级	建筑学专题设计：装配式公共建筑节能设计	赵群
	四年级	历史建筑保护设计（历史建筑保护工程专业）	王红军
	四年级	品牌服饰专卖店（室内设计方向）	冯宏
	四年级	精品酒店（室内设计方向）	阮忠
毕业设计	五年级	亚洲垂直城市国际竞赛	王桢栋
	五年级	机器人数字建构：南京 2014 世青会游客中心	袁烽
	五年级	海口骑楼历史街区保护与再生设计（历史建筑保护工程专业）	王红军
研究生	研一	超高层建筑综合体：三维网格，高层建筑作为城市基础设施和活力的延伸	王桢栋
	研一	居住区规划及建筑设计	周静敏
	研一	高密度地区城市设计	杨春侠
	硕士、博士研究生	同济—夏约中法遗产保护联合设计：山西水磨头村联合教学	邵甬 张鹏

基础教学

Fundamental
Year 1\Year 2

简述

建筑设计基础公共教学平台

The Public Platform for Fundamental Design Teaching

张建龙 / 同济大学建筑与城市规划学院建筑系 基础教学团队责任教授

随着中国社会、经济和文化发展的需求，同济大学建筑与城市规划学院各专业的培养目标也在不断地进行调整。培养适应国家建设需要，适应未来社会发展需求，德、智、体全面发展，基础扎实、知识面宽广、综合素质高，掌握本学科的基本理论、基本知识和基本的设计方法，具备建筑师、规划师和景观设计师的职业素养、突出的实践能力，具有国际视野、富于创新精神的新领域的开拓者以及本专业领域的专业领导者成为我们的教学目标。

建筑设计基础作为建筑学、城市规划（城乡规划）、景观学（风景园林）、历史建筑保护工程等专业的共同专业基础阶段，经过近 30 年的教学改革与教学实践，已经建立起一个拥有独特教育思想观念、人才培养机制和创新人才培养模式的完整、开放的课程体系和建筑设计基础公共教学平台。2004 年"建筑设计基础"获评"上海市精品课程"，2010 年"建筑设计基础"获评"国家级精品课程"。2013 年"建筑概论——建筑设计前沿引论"成为教育部国家级视频公开课。

1 建筑设计基础教学目标

1.1 教学目标

建筑设计基础作为本科一、二年级的专业基础阶段，培养学生树立正确的价值观念、明晰社会职责成为教学的重中之重：包括人道主义、社会公正公平、高效率地使用资源；尊重多元性和不同的意识形态；保护自然资源和蕴藏在建筑环境中的社会文化多元遗产。

1.2 教学重点

现实的人居空间环境是纷繁复杂的，但其中又包含着生活形态的逻辑，作为建筑师应具备一种在感性体验的基础上，用理性的眼光概括出其主要特征的能力，通过对生活环境的观察与分析，发现建筑空间环境中的构成要素。正因为学生也是社会群体中的一份子、拥有一定的生活经验和背景，无论是他们熟悉的、还是陌生的或者未知的环境世界，都可以作为某种以生活为主题、以生活形态相对应的建筑空间原型展开学习，达到专业基础教学的目的。

1.3 教学途径

为了培养学生的创造、研究能力，实验与实践是重要途径。在建筑设计基础教学中，实践教学贯穿各教学节点，实践教学是理论教学的验证，要充分保证课程教学思想的实现。强调教学中学生学习的研究性和创造性。提倡基本理论、方法的讲授和教学讨论密切结合的专业教学思想，通过实际作业在理论意义上的讨论和对设计对象的不断修正，培养学生发现问题、分析问题、解决问题的能力。突出教学实践过程的设计性特点，同时，根据各个阶段不同设计作业教学要求的侧重点的不同，设计渐进的、有针对性教学环节，用有效的表达方法与手段的实践教学训练。从单项到综合作业，以创造性实验设计完成教学目标。

2 建筑设计基础课程组织

2.1 设计基础教学内容

观念教学：理论、历史、评论；

知识教学：概论、原理；

技能教学：认知、表达、设计、技术。

2.2 设计基础课程系列

造型系列：艺术造型、艺术造型工作坊；

史论系列：艺术史、当代艺术评论、建筑史、城市阅读；

原理系列：设计概论、设计概论、建筑生成原理、建筑设计原理；

设计系列：设计基础、建筑设计基础、建筑生成设计、建筑设计、设计周。

2.3 各学期课程核心

一年级第 1 学期：空间感知（基于知觉系统的空间感知与材料构成）；

一年级第 2 学期：空间设计（基于行为模式的个体性空间和社会性群体空间设计）；

二年级第 1 学期：建筑生成设计（基于生成逻辑的建筑空间与结构设计）；

二年级第 2 学期：建筑空间与环境设计（基于不同社会群体生活形态的空间与环境设计）。

3 课程形式

课程结构：建筑设计课程由理论课、研讨课、设计课组成。

课程内容：理论课（theory and method of design）的内容由"设计理论与方法""设计原理""专题讲座"组成；研讨课（seminar）的内容是结合设计理论课的课程设计分析；设计课（design studio）的内容是不同阶段的课程设计。

课程设计题目设置：关注平民、关注低收入社会群体、关注边缘社会人群的生活环境；注重研究与地域生活形态相对应的建筑空间原型。

4 授课与评价方式

4.1 授课方式

设计理论课：采用年级大班授课方式（120 ~ 150 人左右）。

设计研讨课：采用小组教学方式。每位教师与学生（8 ~ 10 人）组成小组，教学以讨论和案例研究方式进行。

设计课：采用小组教学方式。每位教师与学生（8 ~ 10 人）组成小组，教学以参与、启发、辅导、实践方式进行。

知识结构包括：理论体系（建筑学基本理论体系、建筑设计特殊理论体系）、技术体系（建筑学通用技术体系、建筑设计技术体系、建筑表达体系）、设计实践体系。

4.2 成绩评定方式

设计理论课成绩评定：以阶段文献综述形式，全学期由 2 ~ 3 篇关于设计理论与方法的文献综述组成。

研讨课成绩评定：采取案例研究报告形式，全学期由 2 ～ 3 篇设计分析报告组成。报告要求结合专题讲座，运用所学理论对自己的设计进行分析，形成设计报告。

设计课成绩评定：设计课成绩评定采用公开讲评方式，一年级、二年级（上）设计课以全年级公开评图为主；二年级（下）设计课以邀请校外评委（建筑师、专家、教授）参加讲评为主。

5 教学团队

同济大学建筑与城市规划学院"设计基础"教学团队目前共有 36 位教师（分为"美术教学组"和"建筑设计教学组"），主要负责学院各专业的一、二年级专业基础教学，每个年级有 12 个班（约 300 名学生）。除了"设计基础"教学团队的教师参与基础课程教学外，还有来自其他团队的教师参与。如来自"建筑历史学科组""建筑技术学科组"等学科组的教师，一起承担了一、二年级的专业基础各系列课程（造型系列、史论系列、原理系列、设计系列），并组成了以设计课程为中心的核心课程体系。

基础教学　空间与身体

Space and Body

教师：胡滨 王红军
金倩
年级：一年级
课时：32 周，每周 6
课时

Teacher : HU Bin, WANG
Hongjun, JIN
Qian
Grade: Year 1
Time: 32 weeks, 6
teaching hours/
week

课题

一年级设计课基础教学以 "空间与身体" 为主题，设定了 "身体的表演"、"在网络中居住" 和 "自然中的栖居" 三个练习，贯穿了一个学年。教案从 2012 年开始实施。

身体的表演（上学期 7 周）：在给定空间内，依据各自所选电影中的人物，为他们设计空间以辅助建立所选人物之间的关系，并关注人身体的行走、观看、跨越与相遇等动作。

在网络中居住（上学期 9 周）：在上海农民工群租的区域，选择一户群租住户，进行测绘，并对生活和生产场景进行观察和描绘，进而重新为租户和出租者进行居住和生产空间设计。

自然中的栖居（下学期 16 周）：在南京将军山规定场地范围内，为特定人（画家、雕塑家、书商、茶商和哲学家中一个）设计度假工作住屋。住屋包括三种空间：居住、工作和静修。面积为 220m²。

目标

引导学生进入建筑设计，理解建筑基本概念及其基本要素，建立认知与设计、概念与建造之间的关联。

身体的表演：以电影为媒介，以抽象的立方体启动设计，以空间规划辅助建立人的关系作为设计训练重点。目的是建立对空间的建造方式和基本要素的认知，培养身体感知空间的认知习惯，建立空间与身体、观察与设计、图与设计之间的关联。

在网络中居住：以城市边缘地带农民工群租区域为基地，依旧以讨论空间规划与人物关系为重点。练习以真实的场地、真实的人物关系和真实社会网络为原点推进设计。目的是建立体验与设计之间的关联，分析基地研究的基本方法，以及场地、人物身份、身体与空间之间的关联。

自然中的栖居：以自然环境为基地，与上学期的两个练习侧重点不同，将个体身体对空间的感知作为教案设计的重点，上、下两个学期涵盖了空间与身体关系的两个重要方面。目的是初步建立对自然环境的认知，强化空间、身体（身份与个体）和不同类型活动之间的关联。通过材料和建造的介入，建立空间与自然环境、空间氛围与建造之间的关联，以明确建造与设计之间的关联。

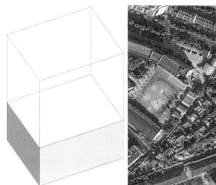

身体的表演，设计条件

在网络中居住，基地环境

自然中栖居，基地环境

手段

通过观察、体验、阅读、写作和艺术媒介的介入，实现研究与设计、想象与设计、认知与设计之间的关联：通过建筑文本的阅读和写作，引导学生确立对建筑基本概念的认识，以及对设计概念的抽象；通过文学与影像阅读，建立空间想象力与设计之间的互动；通过"在地"的观察和记录、案例阅读和访谈，建立认知、体验与设计的互动。

不同设计媒介之间的互动：模型为设计推进主要手段，学生在不同比例模型制作过程中研究不同问题，强化空间剖面的训练；模型与徒手平面、剖面草图的结合，以推进设计；模型、空间照片及空间渲染之间互动，以共同研究空间的特征；模型表达与图纸精确表达之间互动。

过程

周期	1	2	3	45	67		8	9	10	11	12	13	14	15	16

练习　　　　　　　　　1 身体的表演　　　　　　　　　　　　　2 在网络中居住

进程

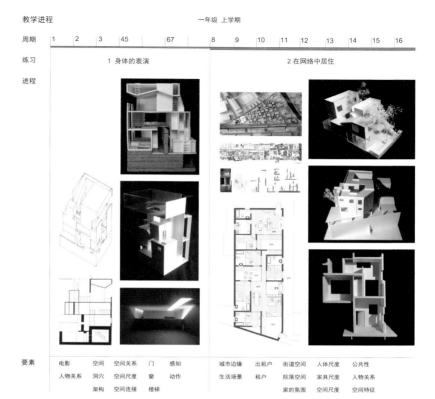

要素

电影	空间	空间关系	门	感知		城市边缘	出租户	街道空间	人体尺度	公共性
人物关系	洞穴	空间尺度	窗	动作		生活场景	租户	院落空间	家具尺度	人物关系
	架构	空间连接	楼梯					家的氛围	空间尺度	空间特征

周期	17	18	19	20	21	22	23	24	25	26	27	28	29	30	31	32

练习　　　　　　　　　　　　　3 在自然中的栖居

进程

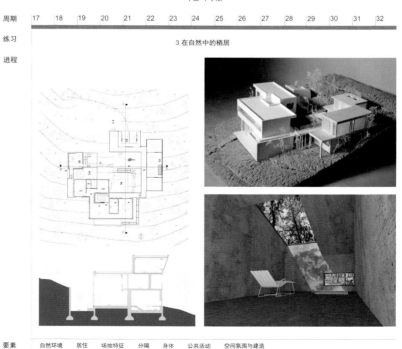

要素

自然环境	居住	场地特征	分隔	身体	公共活动	空间氛围与建造
特定人群	工作	空间氛围	混沌	感知	建造逻辑	
	静思	功能计划	脱离	动作	空间特征	

学生： 姚瑶 王路遥
　　　李淑一 王子若
　　　周一茗 葛梦婷
　　　袁艺 肖雅楠
　　　陈有菲 张季
　　　徐凤怡 闫爽
　　　顾亦如 唐靖
　　　王嘉欣
教师：胡滨 王红军
　　　金倩
年级：2012 级
　　　2013 级
　　　2014 级

练习 1　身体的表演

在练习 1 中，以电影为媒介，以抽象立方体启动设计。而空间设计是以建筑建造的两种基本方式，建筑的基本要素门、窗、楼梯为切入点，讨论空间特征的塑造。人物关系以电影为依据，因而是相对明确的。

由于练习 1 是学生进入大学的第一个设计，在讨论身体与空间时首先讨论的是身体的运动，在运动中感知空间，同时空间又"规划"身体的动作，这个是练习 1 的核心。同时将观察内容设定为对身体动作和影像中人物关系的观察，从感知中检验空间。这其中，以轴测图和剖面图为设计表达的主要方式，以模型和剖面研究做为推进设计的手段。

练习 1　学生作业案例

闫爽"十七岁的单车"：在开敞与挤压、分离与窥视、相遇与规避之间"塑造"两个在不同生存环境中因自行车而引发的人物关系。

顾亦如"楚门的世界"：在真实与面具、监视与自由、隐匿与显现之间"塑造"一个人与一群人的关系。

唐靖"海洋天堂"：在洞穴与架构、封闭与关联、嵌套与穿越之间"塑造"父亲与自闭儿童之间独立且依赖的关系。

王嘉欣"猩球崛起"：在构件与空间、分离与感知、不同空间尺度之间"塑造"人与动物的游戏与相伴的关系。

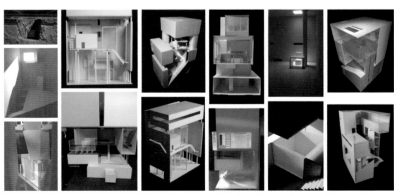

设计模型（学生作业：姚瑶 王路遥 李淑一 王子若 周一茗 葛梦婷 袁艺 肖雅楠 陈有菲 张季 徐凤怡）

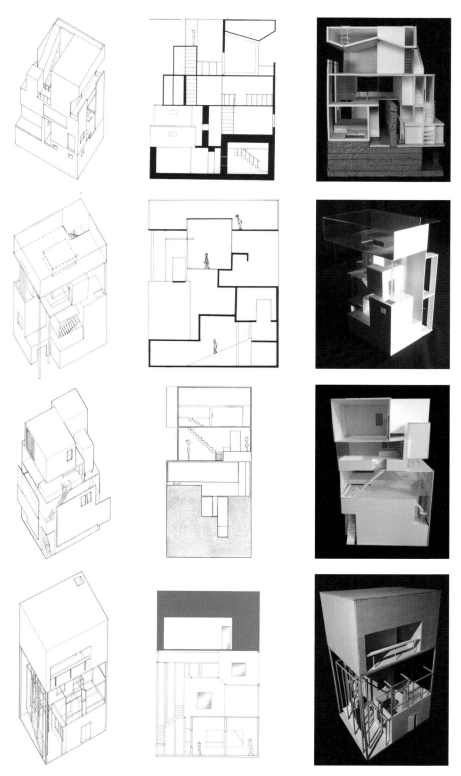

设计图纸及模型（学生作业：阎爽 顾亦如 唐靖 王嘉欣）

学生：葛梦婷 曹畅
宋一飞 姚瑶
李想 张中菁
刘卿云 张晓欣
等
教师：胡滨 王红军
金倩
年级：2012 级
2013 级
2014 级

练习 2 在网络中居住

　　练习 2 从抽象场地进入真实场地（城市边缘地带），以真实的人物关系替代电影里的人物关系，以真实社会网络中的感知替代电影里的抽象概括，以具体的群租空间替代没有设定功能计划的抽象空间。同时将建筑与城市的关联（场地）、功能计划、和空间组织方式作为切入点，讨论空间的设计。教学中，首先强调学生对社会的观察，对人物关系和人物活动的观察，在观察中解读人物关系。这其中涉及出租方与租户、租户之间、父母与孩子等家庭内部关系，而且还有普遍性和特殊性的讨论。而身体的动作因为居住和生产的介入，而不再停留在练习 1 的走、看、相遇和跨越，而且因为群体的复杂，练习 2 的"空间辅助建立人物关系"则更具有真实性、社会性和复杂性。在图纸表达方面，在练习 1 的内容之外，着重加强场景的观察与描绘，建筑平面和剖面的表达，以及空间尺度，包括家具尺度与身体的精确性研究。

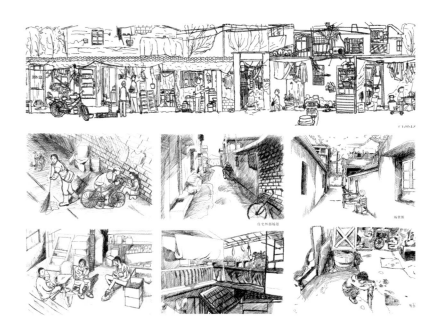

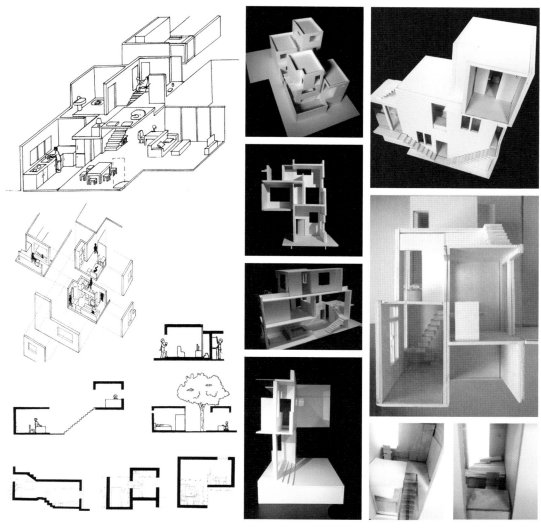

上图为设计图纸平面及模型（学生作业：李雪莲 张耀之 葛梦婷 曹畅 宋一飞 等）
左图为生活场景（学生作业：阎爽 陈语娴 崔禹彤 曹畅）

学生：邱雁冰
教师：胡滨 金倩
年级：2014 级

练习 2 学生作业案例之一

邱雁冰同学设计的原点是场地特征和出租户、租户不同的生产和生活特性。自选基地毗邻主巷道的小商业空间，设计强化了巷道界面在空间和活动上的连续。同时考虑到周边建筑和树木的状况，形成"S"形总体布局。在此基础上，结合不同出租户和租户的生活和生产特性，形成了两个公共和私密程度不同的院子。每层设立公共起居室，为极小的租户空间提供活动的多样性，同时利用它建立了与院子在空间与活动之间的关联。设计也为租户提供了多样的空间和居住方式。

学生：唐婧
教师：胡滨 金倩
年级：2014 级

练习 2 学生作业案例之二

在唐婧同学的设计中，自选基地四面被房屋和院子围合，且东南面和西北面房子较高，导致底层采光较差。设计策略是将对于集居人群来说使用率较高的卧室抬升至二层，且卧室向中心庭院和西南面开敞，从而保证充足的采光。而在一层和错层的位置设置集居人群的公共空间，租户回家的路径需要穿越这些公共空间，从而为人群的交往提供更多的可能性。空间与场地和人的活动之间关联，以及极小空间的感知放大都被仔细刻画。

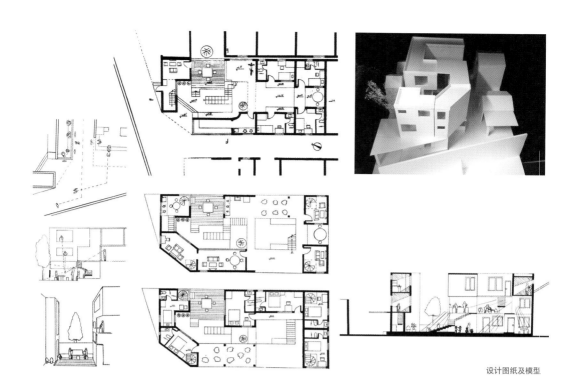

设计图纸及模型

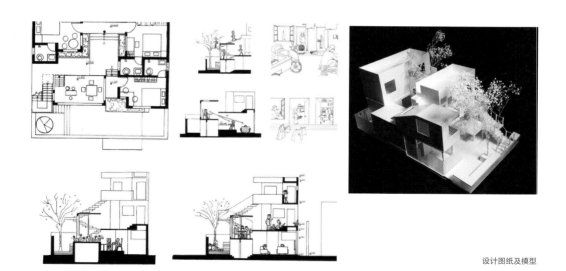

设计图纸及模型

学生：王旭东 周顺宏
　　　陈有菲 别雨璇
　　　李淑一 张玉娇
教师：胡滨 金倩
年级：2014 级

练习 3 在自然中栖居

　　这个练习与一年级上学期的两个练习的侧重点不同，是将个体身体对空间的感知作为教案设计的重点。同时，教案将场地引入到自然环境中，在功能计划中将居住与工作、世俗（profane）与神圣（sacred）空间结合，并将材料和建造引入到空间设计中，讨论空间氛围与建造之间的关联。在训练中，强调模型、大尺度剖面、平面与场景图之间相互验证，以强化空间的氛围和建造之间的关联。

学生：李淑一
教师：胡滨 王红军
　　　金倩
年级：2012 级

练习 3 学生作业案例之一

　　李淑一同学的茶商工作住屋，利用位于不同高差的院子组织空间和塑造周围空间氛围，并且院子作为建筑与自然环境之间的过渡，在剖面上形成建筑的边界。不同高差的院子不仅各具特征，而且有些院子为茶室空间塑造了具有仪式感的进入序列，在院子周围空间的功能设置，以及树影形成朦胧的茶室空间氛围，都与饮茶活动密切相关。另外一个下挖院子架空连接卧室和静修空间之间的路径，不仅强化了进入静修空间的感知，也使得静修空间有悬空之感。静修空间以仰望天空的树和席地而坐看树影为主题。

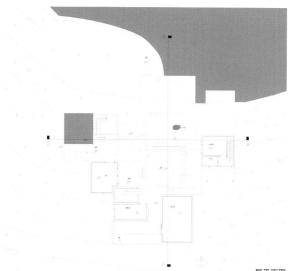

一层平面图

二层平面图

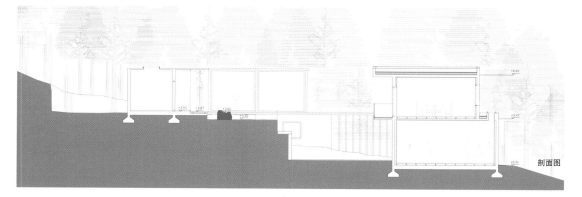

剖面图

学生：张晓雅
教师：胡滨 王红军
金倩
年级：2012 级

练习 3　学生作业案例之二

　　张晓雅同学的哲学家工作住屋，基地选在一片茂密的树林里。针对进入基地路径的昏暗和压迫的感知，设计在剖面上将一、二层空间向后院开敞，而第三层空间面对进入的路径，从树冠上向水面开敞。在静修空间中的身体大部分被封闭空间所包裹，有限的空间开口将感知引向地面，树林形成的昏暗光线，土壤与落叶，身体与大地相连。同时在设计中，被访问对象的需求、不同功能空间的相互关系、与自然环境的关联、以及身体的动作和材料的选择及感知都被仔细地刻画。

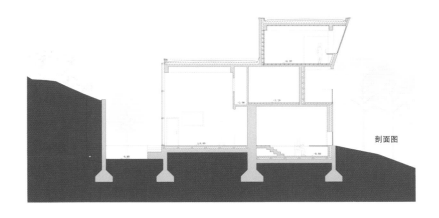

剖面图

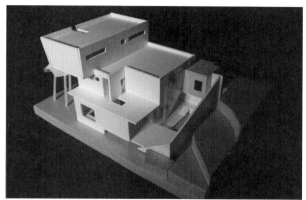

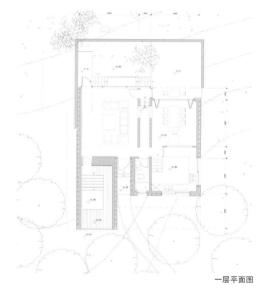

一层平面图

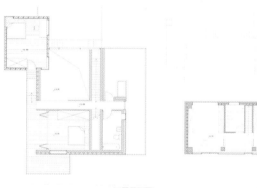

二层平面图

三层平面图

光与展品的回响

Echo of Light with Objects

教师：胡滨 周芃 徐甘 王凯

年级：二年级下学期

课时：7 周，每周 6 课时

Teacher: HU Bin, ZHOU Peng, XU Gan, WANG Kai

Grade: Year 2

Time: 7 weeks, 6 teaching hours/week

课题

"光与展品的回响"是二年级"从大地之上，到天空之下"系列教案中五个连续练习中的一个。整个系列包括"等候空间"、"再现威尼斯路径"和"威尼斯的工作室"，以及下学期的"光与展品的回响"和"渔梁村的公共活动中心"。本练习为期 7 周，从 2008 年开始实施。设计任务是要求学生选取上海博物馆四类展品（金属、木质、石材、中国书画）中的一件展品，为之设计一展示空间，空间大小不限，要求有进入、观看和离开的空间序列。基地自定，以有助塑造展示空间的特征为目标。

目标

"大地之上，天空之下"的教学目标是理解建筑处于大地之上、天空之下的状态，通过解读大地和天空的物质与社会的意义，使之与设计关联；同时，进一步强化想象，以及设计与建造之间的关联度，并且力求设计与场地、行为、生活和建造之间更为密切地关联。而"光与展品的回响"作为二年级下学期"天空之下"教案的起始，光线与空间的关联是核心问题。目标是以人体感知为核心，探讨光线、空间、展品和行为之间的关系，以及设计与建造之间的关联性。

训练的重点：光线研究；展品研究；光线、展品、场地和空间的关联；光线、展品、和观看之间的关联：人的行为与光线和展品关联。

手段

通过文献阅读和研究，建立研究与设计之间的关联，确立设计是研究的过程；分解练习，确立热身训练，以便深入研究教案设计中设定的核心问题；通过模型、剖面、和场景互动研究，探讨场地与建筑，感知、行为与展品，空间氛围与建造的之间的关联性。

过程

整个设计教学过程分为几个阶段，包括光的研究，场地、展品与光线，行为、空间与展品及其细部设计，以及最后设计成果制作。

教学周期	1 Week One	2 Week Two	3 Week Three	4 Week Four

练习进程　阶段一　光的研究　　　　　　　　　　　　　　　阶段二　场地、展品与光线

教学要点	1 照片与文字描述光与雨 2 光的装置模型	1 光线与空间的模型 2 选择展品	1 展品的历史文献及其 　特征研究 2 场地选择，Google 地图确认 3 光线与展品概念模型	1 1:50 模型 2 A3 模型内部空间照片 3 1:20 节点剖面

教学周期	5 Week Five	6 Week Six	7 Week Seven

练习进程　阶段三　行为、空间与展品及其细部设计　　　　　阶段四　设计成果

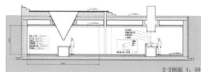

2-2 剖面 1：50

教学要点	1 1:20 1:50 模型 2 1:50 平面、剖面 3 A2 内部空间 4 文字描述	1 1:50 模型 2 1:20 节点剖面 3 A3 内部空间照片	1 1:50 1:20 模型 2 1:200 总平面、1:50 平面、剖面、立面、1:20 剖面 3 A2 室内空间照片 （模型） 4 设计说明 5 展品的研究报告

学生：吴舒瑞
教师：胡滨 王凯
年级：2012 级

学生作业案例之一

吴舒瑞同学作业的特点为：设计节制、每个操作动作简洁且有效。设计围绕展品（千佛石像）的四面有佛、不同高度有大小各异的佛和千佛的特点展开，与悬崖场地的选择、环绕式参观路径的设定和不同高度的观看方式紧密结合。建筑犹如岩石般矗立在山顶，而下沉的路径、部分凿毛的石像基座处理，使得石像犹如从山体凿出一般。而在设计中，两次利用身体的影子与佛像的叠加来塑造身体被佛包裹的感知。

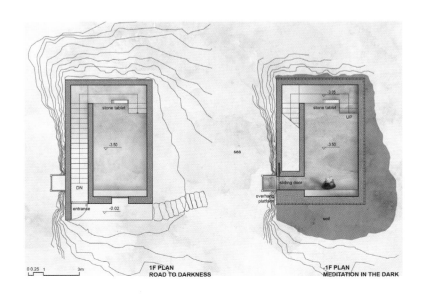

Open the door of the small dark room,the visitor will see the widest landscape in the world,the sea,feeling extremely relaxing and free. after all the pains and darkness he or she had suffered before.that realness seems as eternal of "Nirvana",which in the Buddhist context refers to the imperturbable stillness of mind after the fires of desire, aversion, and delusion have finally extinguished.

Buddha may found its exit one day,but the religion always enlighten us.We get glimpses of our true self which is apart eternal.

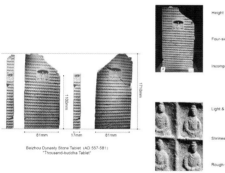

Beizhou Dynasty Stone Tablet (AD 557-581)
"Thousand-buddha Tablet"

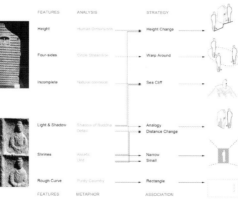

FEATURES	ANALYSIS	STRATEGY
Height	Human Dimensions	Height Change
Four-sides	Circle Streamline	Warp Around
Incomplete	Natural connection	Sea Cliff
Light & Shadow	Shadow of Buddha Detail	Analogy
		Distance Change
Shrines	Ascetic Life	Narrow
		Small
Rough Curve	Purity Country	Rectangle
FEATURES	METAPHOR	ASSOCIATION

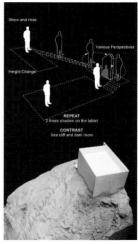

Show and Hide

Various Perspectives

Height Change

REPEAT
2 times shadow on the tablet

CONTRAST
Sea cliff and dark room

It is clear that light travels in straight lines.So the same shadow will show twice on the tablet when people stand on two different places,- from the window or close to the tablet.The whole room is dark and nar- row showing the pain and ascetic of religion practice.Time and space changed,the scene repeated.

VISITOR
shadow on the stone tablet

EXHIBITS
shadow of the stone statues

ANALOGY
People's shadow on the thousand-Buddha tablet is similar to the rough curve of the Buddha stat- ue in the small shrine.

scene 1   scene 2   scene 3   scene 4   scene 5

1st time
ones own shadow
on the stone tablet

2nd time
own shadow

Shadow of
Buddha

scene 8   scene 9

3rd time
other s shadow

Sequence : Top - Right - Back - Left - Front - From a distance

"IN THE SHADOW OF THE BUDDHA"?
Politics apart,it is a book about the writer Mat- teo Pistono who traveled thousands of miles and risked his own life to pursue freedom and peace,although The world "shadow" means a culture's rich spiritual past is slipping away against the force of a tyrannical future.

But in this work,I interpreted shadow as a met- aphor of asceticism and designed the flown line to repeat this image again and again to empha- sis the pain.The repetition of the shadow sug- gested the hardness in Buddhism practices,and only through these suffering can a Buddhist or a visitor pursue real freedom and peace.

学生：黄艺杰
教师：胡滨 王凯
年级：2013 级

学生作业案例之二

　　黄艺杰同学作业的特点，围绕如何强化展品（"见日之光"透光镜）的透光特点而展开。设计中选择以水作为重要媒介，不仅使得光线具有体量感，使得空间光线相对均匀，而且形成的光线效果与展品特质相互匹配。设计利用废弃矿厂的下沉矿井做为展场，不仅可以利用废弃的石材做为建造材料，同时也赋予了大地景观以新的意义。

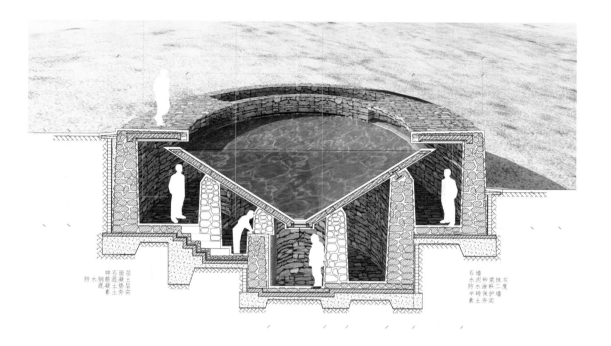

石碎石混凝土层
防水钢筋混凝土
面层混凝土垫
素土夯实

石墙
水泥砂浆抹灰二度
防水涂料
半砖保护墙
素土夯实

● 湖北鄂州鱼峰区废弃矿厂

● 自上而下进入场地

● 废弃矿坑多而密集

● 废弃铁矿石

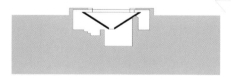

加入"水的容器"

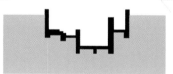

采用当地废矿石砌筑围墙

保留大致形态

杯中有水　　杯中有水　　杯中有水　　杯中无水　　杯中无水　　杯中无水

● 随着容器与光源相对位置的改变，装有水的容器不仅使光变得更亮而且变得更稳定

学生：张灏宸
教师：胡滨　王凯
年级：2013 级

学生作业案例之三

张灏宸同学作业中的展品（藏族金刚密咒铜盖嘎巴拉碗）是宗教仪式的盛水具，有智慧和去邪之意。设计选址于雪山脚下的水边，在入口处将光源、展品与人设定为三点一线使得展品的影子放大以压迫身体，在行进中由晦到明的空间氛围转换，以及最后走进雪山作为展示序列的结束，都与展品特征紧密相连。

基础设计　建筑生成设计基础
Basics for Generating Design

教师：戚广平 俞泳
　　　张建龙
年级：二年级上学期
课时：5 周，每周 8 课
　　　时

Teacher: QI Guangping,
　　　　YU Yong, ZHANG
　　　　Jianlong
Grade: Year 2, autumn
Time: 5 weeks, 8 teaching
　　　　hours/week

课题

　　"建筑生成设计基础"由三个连续的单元组成：基于水平向度的空间生成、基于竖直向度的空间生成以及基于多维向度的空间生成。本课题从 2012 年开始，至今已经进行了 4 年。

　　基于水平向度的空间生成：茶室的基地位于上海市某住宅小区内，其功能是为群众提供一个休闲娱乐的良好场所。基地为 24m×40m，建筑要求四个面完全贴线建造，总建筑面积为 500m^2，最大高度不超过 5m，除在临路一面可以开两个出入口及窗口外，其余方向均不得开启任何形式的洞口。

　　基于竖直向度的空间生成：现代艺术展示馆位于某高校创意街区中的公共广场内。基地长 20m、宽 10m，建筑总面积为 800m^2，要求与原有建筑贴邻建造。展示馆的总体设计应充分考虑建筑与周边环境及场地的关系。

　　基于多维向度的空间生成：大学生活动中心位于校园的情人坡，作为大学这个社区中的重要组成部分，是一个具有"开放性、公共性与互动性"的社交场所。建筑总体积控制在 5 000m^3 以内。鼓励社团的开放性并和公共设施的混合，形成一个面向公众的交流场所。

目标

　　建筑学基础教学的主要目标是以建筑本体论为基础，以建筑设计方法论作为核心来建构教学活动。随着社会的发展和观念的变迁，当代的设计观念已经从强调"同一性"向追求事物的"差异性"转化，设计的方法也从"构成"开始向"生成"转变。

　　"基于水平向度的空间生成"让学生学会"生成要素"不同的定义方式，并试图通过将差异性的各要素关联的方式来建立一定的"生成规则"，从而进行空间形态的生成。本次教学的重点在于深入理解生成要素不同的定义方式对生成设计的影响。

　　"基于竖直向度的空间生成"让学生掌握"生成要素"不同的定义方式，根据差异性的各要素来建立关联方式，并设定相应的"生成规则"，以进行建筑形态的生成。本设计尤其注重空间和结构这两种不同属性的生成要素之间的关联性以及相互之间的适应性。

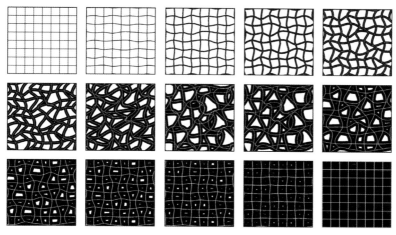

以视觉感知驱动的形态生成

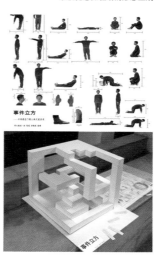

以行为驱动的材料生成

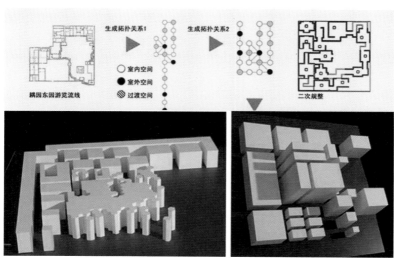

以流线及体验驱动的空间生成

"基于多维向度的空间生成"让学生掌握建筑内、外各"生成要素"相互关联的方式，并创造性地建立"生成规则"，以获得多样性的空间和建筑形态。本设计尤其注重外部因素对建筑内部各生成要素的影响，建立以"环境响应度"为主的性能评价方法，以驱动生成设计的进程。

手段

这三个单元将围绕生成设计的基本原理，运用系统的生成设计方法，形成一个由单项到综合、由简单到复杂、由图解到计算机的渐进过程。

课程采用系列课题的形式，让学生按顺序及问题等级完成一个完整的全过程课程设计。其中每个单元前面分别插入相应的前导性训练，其后教学按照顺序对水平空间、竖向空间以及多维空间的形态生成进行研究。这种系列课题的形式可以使学生对自己所学的建筑学相关知识及设计技巧有一个梳理，形成相对正确的基本建筑生成观。

过程

教学计划将 17 周的课程分为三个单元。其中，第一个单元包括"前导训练——网格渐变"和"茶室设计——基于水平向度的空间生成"，共计 5 周；第二个单元的"前导训练 ——园林生成案例研究"和"现代艺术展示馆——基于竖直向度的空间生成"，共计 5 周；第三个单元"集群建构"和"大学生活动中心——基于多维向度的空间生成"，共计 7 周。

课程教学采用大课和小班教学相结合的方式。其中大课"建筑生成学原理"由主讲老师完成，同时也邀请三位职业建筑师以讲座的形式讨论其建筑实践案例。小班教学每班由三名老师指导展开，学生完成的作业向年级全体同学及任课老师汇报。汇报的频率较高，并由多位任课教师进行点评。通过密集的汇报与评图，学生之间共享了教学的经验和心得。期末时，所有作业在学院进行公开展览，并在展厅进行课程最终的评图。

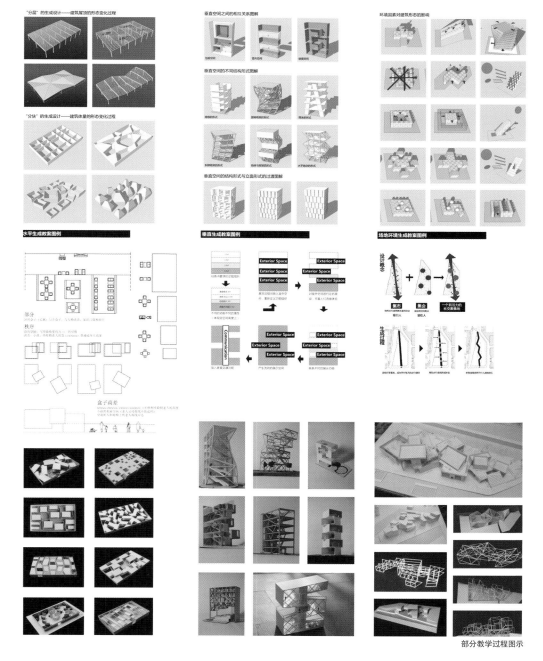

"分层"的生成设计——建筑屋顶的形态变化过程

"分块"的生成设计——建筑体量的形态变化过程

垂直空间之间的相互关系图解

垂直空间的不同结构形式图解

垂直空间的结构形式与立面形式的过渡图解

环境因素对建筑形态的影响

水平生成教案图例

垂直生成教案图例

场地环境生成教案图例

部分教学过程图示

学生：陈翔怡
教师：李延伯 俞泳
年级：2012 级

学生作业案例之一 "未知茶室"

　　不同于传统的茶室，设计者对于茶室的设想是："茶室空间划分是不确定的，可以根据不同人的使用而产生空间的变化，由此室内外的界线变得模糊。"设计者在一定尺度限制的矩形基地内将"切片"作为生成建筑的基本要素，通过多重的切片对基地进行分割，产生大小不同的空间。"切片"上的板是可以滑动变形的，设计者希望通过"切片"上板的开合变化来满足不同人对于使用的不同要求。因此，这个建筑随着时间的变化而变化，通过人使用的多样性达到建筑功能空间的多样性。每一个"切片"都在定格某个使用瞬间，十分精彩。

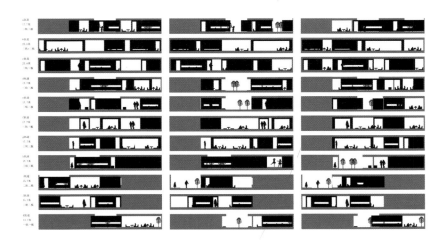

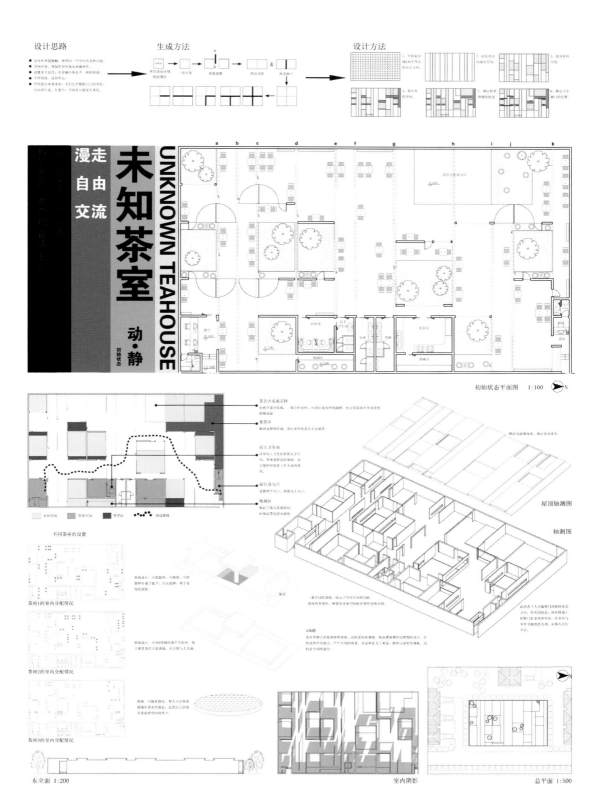

未知茶室 UNKNOWN TEAHOUSE

漫走 自由 交流

动·静

49

学生：李泰凡
教师：戚广平 董屹
周鸣浩
年级：2012 级

学生作业案例之二　"折叠·流动——现代艺术展示馆"

　　在对基地进行调研分析后，设计者对任务书中提出的功能要求进行了创造性的思考。第一，按照功能对于空间高度的要求，对功能进行重新的归类，希望将不同功能的不同属性通过建筑的高度体现出来；第二，在各个功能空间之间嵌入室外平台空间，希望观展人群能在室外与室内之间来回穿梭，欣赏到建筑周围良好的景观环境，通过以上两点形成观展流线的性能设定。此方案的生成原型为体量之间的折叠，即不同建筑体量之间的对角线垂直连接，设计者希望将室外的景观环境折叠到建筑空间之中。在对规则的设定中，设计者通过对周围景观环境的优劣判断与"折叠"角度进行关联。由此"折叠"这个生成原型在双重的性能驱动下根据"折叠"角度规则衍生出了这个方案。

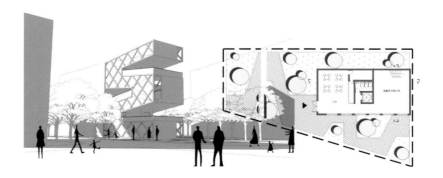

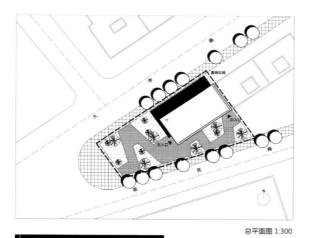

总平面图 1:300

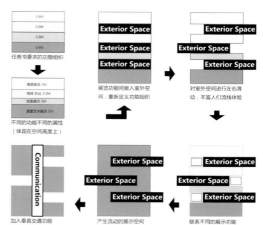

性能驱动分析图

折叠·流动

现代艺术展示馆—1
MODERN ART EXHIBITION HALL

规则衍生分析图

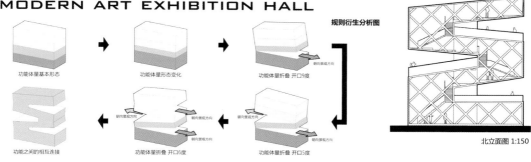

北立面图 1:150

透视图

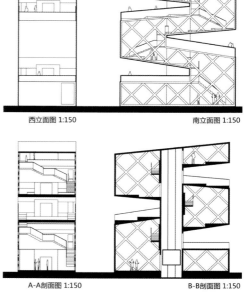

西立面图 1:150

南立面图 1:150

A-A剖面图 1:150

B-B剖面图 1:150

学生：陈翔怡
教师：李延伯 俞泳
年级：2012 级

学生作业案例之三 "大学生活动中心设计"

　　在对基地进行调研分析后，设计者重新设想了活动中心功能之间的组织关系，将原有的树状功能组织改变为网状功能组织，强调功能的自由分布的"理想社团"；同时重新设定了空间之间的尺度关系，通过尺度的改变加强人们的相遇和交流，提出了"邂逅模式"。设计者根据社团活动的空间要求选择正方体作为建筑的生成要素，设计者进一步提出了正方体的变形和组合规则，意在对视线进行遮挡和流线进行控制，由此建立起了规则与性能之间的驱动关系，在周围基地环境因素的影响下，正方体元素在设计者设想的性能驱动下依照正方体的变形和组合规则衍生出了整体的建筑形态。该方案的形态设计独树一帜，且与基地环境相适应，功能较为明显地呈现出设计者原有的设想，是一个不错的设计作品。

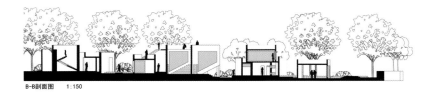

B-B剖面图　　1：150

西立面图　　1：150

大学生社团中心设计——邂逅

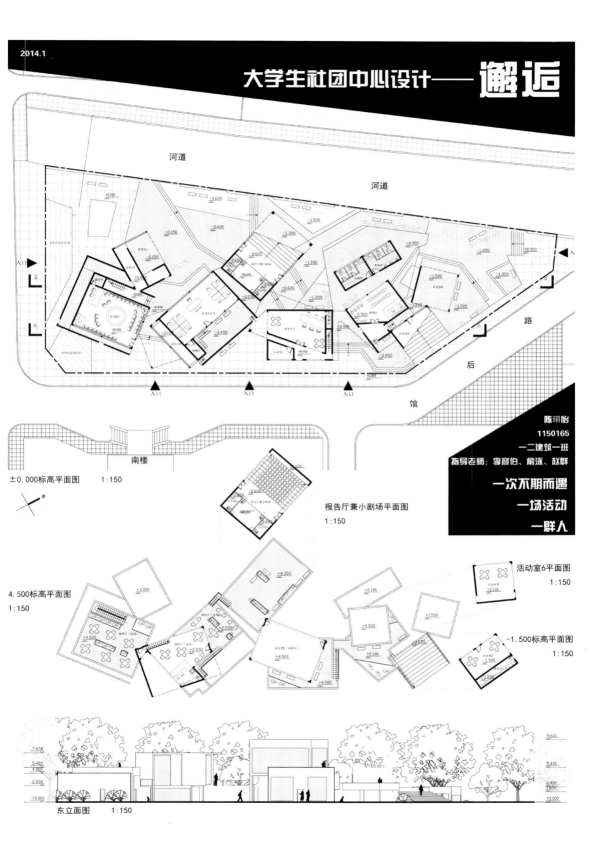

河道

河道

入口

路

后

馆

入口　入口　入口

南楼

±0.000标高平面图　1:150

报告厅兼小剧场平面图
1:150

陈翔怡
1150165
一二建筑一班
指导老师：李彦伯、俞泳、赵群

一次不期而遇
一场活动
一群人

活动室6平面图
1:150

4.500标高平面图
1:150

-1.500标高平面图
1:150

东立面图　1:150

陶艺
生物体空间采集与转译

Pottery Design: Collection and Interpretation of Biological Form

教师：张建龙 岑伟
　　　阴佳
年级：一年级上学期
课时：2.5 周

Teacher: ZHANG
　　　　 Jianlong, CEN
　　　　 Wei, YIN Jia
Grade: Year 1, autumn
Time: 2.5 weeks

课题

　　课程通过陶艺制作完成生物体空间的采集与转译。任务要求学生选择生物体的整体或局部，其内部必须具有三个以上的空腔；通过观察和感知描述其空间的意义，并以陶泥为材料制作具有生物体原型空间特点的陶艺作品；观察完成的陶艺作品，以平行剖切的方式完成 9 张剖面图。本课题从 2014 年开始，属于第一次尝试。

目标

　　作为设计基础的第一个课程作业，本课程首要目的是让学生认识内外空间及其意义。对内部空间的探讨、理解和认识是课程的重点。其次，课程希望学生通过打制陶板以完成陶泥模型的制作，并通过陶泥模型的观察完成图纸的绘制。对内部空间的讨论、动手能力的训练和简单而抽象的图纸再现，对于刚进入建筑学专业学习的学生具有重要意义。

手段

　　课题采用短课题形式，让学生按照空间观察、模型转译和图纸再现这三个过程，以观察、动手和抽象的顺序完成一个用模型和图纸再现空间的完整课题。三个过程分别表征了感知、构思和抽象的能力：选择有三个空腔贯通的生物体要求学生能够进入内部空间进行感知；陶艺制作要求学生结合陶艺的材料特征和制作技巧进行构思创作；图纸制作需要学生尝试抽象的能力。容量、张力、洞口和节奏等主题是讨论的内容。这种通过进入物体来感知和再现内部空间的训练可以使学生形成基本的空间观念。

过程

　　教学计划将 2.5 周的课程分为两个阶段。前一阶段为 1.5 周，空间观察、模型转译和陶艺制作训练同时进行。课程从陶艺作品赏析和陶艺内部空间分析的讲座开始，穿插了陶艺制作技巧的演示。课程希望学生观察生物体的空腔，迅速进入内部的空间，用语言和草图共同作用以描述其空间的意义，确定转译再现空间的模型方案，并完成陶泥模型的制作。课程的后阶段为 1 周，要求学生观察陶泥模型，选择在模型中进行剖切观察的位置，再次用语言和草图描述内部空间的意义，按照草图、正草图和正图的过程完成图纸的制作。

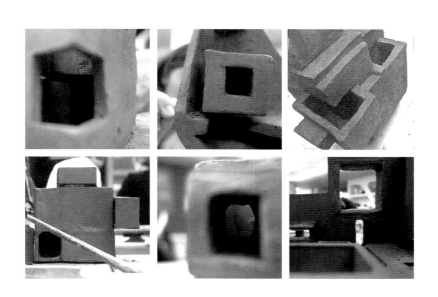

学生：Aude Meissane
KOUASSI
年级：2014 国际班一年级

学生作业案例之一

方案采集了肺部的微空间系统，试图呈现氧气和二氧化碳从上至下、从体外至体内、从气流到分子交换的过程。转译构思的初期停留在肺部气管传送的空间结构，随着讨论的深入，能通过大量的资料搜集再现了肺部的微空间系统：数目极多的肺泡和巨大的肺泡表面积，以及紧贴肺泡的毛细血管。模型的转译过程有些挣扎，但通过图纸的呈现和文字描述的共同作用，精心地呈现了气体交换的这一瞬间过程及其空间意义。陶泥模型制作时对材料的结构特征估计不足，但是模型呈现的空间关系较好，图纸及文字表述较为准确。

学生：Johannes Erik
WELANDER
年级：2014 国际班一年级

学生作业案例之二

方案采集了心脏及其周边血管，试图呈现心脏内部空间与血管的空间连接，再现心脏"泵血"的机理特征。转译构思的初期停留在单一的心脏内部空间，随着讨论的深入，能通过大量的资料搜集讨论心脏与血管的连接、方向、容量及其表征的力量。陶泥模型制作工艺及速度表明了学生的动手能力很强。图纸绘制选择的剖切位置恰当，语言描述尚需更加准确。

学生：KIM Sung Ouk
年级：2014 国际班一年级

学生作业案例之三

这个方案采集了耳道、鼻腔、口腔和眼窝在面部呈现的空间关系。转译构思的初期停留在面部空间及其五官的视觉效果，随着讨论的深入，能通过大量的资料搜集讨论耳道、鼻腔、口腔和眼窝表征的空间。最终成果如能抛弃面部特征，再现五官空腔贯通的关系和特征会更能触及内部空间的意义。陶泥模型制作的手工较为精湛，但是图纸绘制缺乏足够的耐心，语言描述与主题的关联度还不够准确。

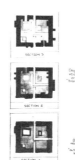
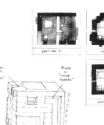

ARBORESCENCE

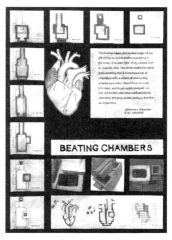

BEATING CHAMBERS

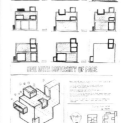

三、四年级

Year 3\Year 4

简述

教案编制的关键是教学方法的设计
三、四年级设计类课程教案编制概述
An Overview of Year 3 and Year 4 Design Teaching

谢振宇 / 同济大学建筑与城市规划学院建筑系　教授，三、四年级教学主管

长期以来，建筑设计课程中的一个重要设计指导文件是作业指示书。作业指示书在建筑学专业教学总纲和设计类课程教学子纲的框架下，提炼了三年级到四年级各阶段教学要解决的基本问题，强调对建筑设计本质规律的探索，使学生在掌握知识的基础上逐步走向创造性地运用知识，形成有针对性的教学内容和方法。但是，在具体的设计课程教学中，作业指示书虽然包括每个设计课程的教学目的、要求，设计任务的具体内容、时间计划和成果要求，但其实质还是课程设计任务的传达，并没有切实体现设计教学的具体方法。近5年来，同济大学建筑与城市规划学院建筑系把设计课程的教案编制作为课程建设的重要内容，并以每年全国高等学校建筑学科专业指导委员会组织的建筑设计教案和教学成果评选为推力，系统而持续地编制了三、四年级设计类课程教案，取得了较好的阶段性成果。

1 教案编制的前提

教案编制的前提是在系统层面建立设计课程之间的衔接和设计课程与理论类技术类课程的关联。

与设计基础教学阶段相比，高年级的设计类课程处在深化、整合、分化的阶段。设计课程的系统性，不同于生产线上的流水作业，而总纲与子纲下的教学组织方式，基本上还是一种循序渐进的思维。设计课程之间，每个课程设计有一定的完整性，教学内容、目的、方法都与建筑的本体问题有关，仅按理想化的课程定位和教学关

表 1　三、四年级设计课程教学关键点和理论系列、技术系列课程的关联性

年级		课程模块	课程设计名称	教学关键点	选题	关联性课程	
						理论系列	技术系列
三年级	上	DS-3a	建筑与人文环境	功能、流线、形式、空间	民俗博物馆、展览馆	- 公共建筑设计原理(1) - 公共建筑设计原理(2) - 建筑理论与历史(1)	- 建筑结构(1) - 技术系列选修
		DS-3b	建筑与自然环境	景观设计、剖面外墙设计	山地俱乐部		
	下	DS-3c	建筑群体设计	空间整合、城市关系、调研	商业综合体、集合性教学设施	- 公共建筑设计原理(3) - 高层建筑设计原理 - 建筑理论与历史(2) - 理论系列选修	- 建筑结构(2) - 建筑设备(水\电\暖) - 人体工程学 - 建筑特殊构造
		DS-3d	高层建筑设计	城市景观、结构、设备、规范、防灾	高层旅馆、高层办公		
四年级	上	DS-4a	住区规划设计	修建性详规、居住建筑、规范	城市居住规划	- 居住设计原理 - 城市设计原理、建筑评论 - 建筑法则、建筑师职业教育 - 理论系列选修	- 建筑防灾 - 环境控制学 - 技术系列选修
		DS-4b	城市设计	城市空间、城市景观、城市交通、城市开发的基本概念与方法	城市设计		
	下	DS-4c	建筑设计专门化(1)	各专题类型建筑设计原理与方法的拓展与深化	观演、交通、体育、医疗、数字方法、建筑节能、集群、室内环境等		
		DS-4d	建筑设计专门化(2)				

键点设定，以期建立课程间的衔接与过渡，是值得怀疑的。在这些年的教学实践中，各课程设计的教师确实也很少关注前后课程设计间的联系。另一方面，设计类与理论类、技术类课程在各自的纵向体系上是成立的，但在横向体系上只是形式上的课程分布。技术类课程教师往往不了解学生同步进行的课程设计要求，学生又习惯于以应试的方式对待这些课程，设计课教师在指导与解答结构、构造、设备方面问题的能力参差不齐。课程之间协同性的缺失，成为高年级设计教学比较困惑的问题。因此，具体课程教案的编制，必需明确各个课程设计的教学定位、教学内容、知识点、选题和原理课程，强调设计原理课程与理论类、技术类课程的关联性。

2 教学方法的设计和探索

教案编制是教学方法的设计和探索，通过课程设置和组织的多样化，提高教案编制的品质和特色。

目前，三、四年级课程设计由 6 个规定性选题和 2 组自选性专题组成。规定性选题包括：三年级上学期前 8.5 周的建筑与人文环境设计——民俗博物馆、三年级上学期后 8.5 周的建筑与自然环境设计——山地体育俱乐部、三年级下学期整合了建筑群体和高层建筑设计，组成 17 周的长题设计——城市综合体、四年级上学期前 8.5 周的住区建筑设计、四年级上学期后 8.5 周的城市设计。而 2 组自选性专题，安排在四年级下学期，各个学科组根据学科研究方向设定题目，如体育建筑、交通建筑、医疗建筑、创意建筑、室内设计、生态节能技术、数字化方法、环境行为等，学期内一般会有 12 个选题供学生选择。

教学组织上，规定性选题由全年级组织，参加教学指导的老师一般超过 15 位，教学实践中发现，由于教师执教能力、学科方向的差异和年轻教师的培养等原因，集体性教案的编制尤为重要，同时，在全年级推进的教学中，也鼓励少部分教师作独立性小组教学探索，如数字化方法为导向的课程设计；同样，对于专题类的课程设计而言，教案建设能确保既有专题导向，积极鼓励多样化、研究型选题。此外，

近些年教案的编写也以每年全国高等学校建筑学科专业指导委员会组织的建筑设计教案和教学成果评选为推力，充分激发教师研究和实施设计课程教案的热情和创造力，并在历年的全国高等学校建筑学科专业建筑设计教案和学生作业评选中取得佳绩。整体上，三、四年级设计类课程教案呈现了以集体教案和个性化教案相结合，示范性教案和参评获奖教案为引导的研究氛围，有效激发了各课程负责和课程指导教师，积极参与课程设计教学研究，促进教师的设计指导能力的提高，促进年轻教师的培养和各学科团队在设计教学环节的交流。

3 教案的研究

　　教案的研究推动了课程设计课时设置和教学要求的可操作性，形成了以设计深化为目的专题整合的设计教学探索，实践了以三年级城市综合体为代表的"长题"教学。

　　以城市综合体"长题"设计为例，通常，建筑学高年级主干设计课基本以每学期安排两个 9 周课程设计为主要方式。这种方式虽然保证了教学内容、教学组织和教学过程等方面的完整性，但均质化的学时分配方式，对教学过程中出现的重形式轻技术、或重初期构思轻设计深化等现象有密切的关联。四年前，"卓越工程师计划"全面推进，我们对高年级课程设计布局进行较大调整。"商业综合体设计"和"高层建筑设计"被安排在一个学期，对课程设计教学强度有较大的提升，同时也为探索学期内课程贯通和专题相结合的教学方式提供了契机。

　　因此，在三年级下学期，把商业综合体设计和高层建筑设计整合为城市综合体课程设计，形成 18 周的"长题"，在确保两个课程模块的基本教学目标和要求的基础上，以提升设计深化能力为目标，探讨学期内课程贯通性和专题性相结合的教学成效。

3.1 教学设计

　　把原本一个学期中相对独立运行的两个课程设计组合起来，并不是简单的加法，除了两个课程模块有较好的关联性，更需要在确保基本教学要求、教学要点、教学内容和成果要求的基础上，对设计任务、要求、学时分配、成果形式等细致设计。

　　3.1.1 协同整合

　　商业综合体设计和高层建筑设计的教学要求中，除了各自的技术性要求外，在与城市关系、建筑群体与局部的关系，以及之前深化设计中较难涉及的地下空间设计等方面，有很强的关联性。而通过整合也可为全面掌握结构、设备、垂直交通及消防等相关专业知识创造条件。

表 2 课程设计教学执行计划示例

课程名称	城市综合体(商业综合体+高层建筑)		课程模块编号	DS-321\2	教学周数：17 周
责任学科团队	公共建筑		授课学生	11 建筑\室内\历建	课程类型：课程设计

周次	日期	星期	时间	上课地点	原理/辅导/评图	教学内容	主讲教师	阶段	成果节点
01	02/24	周一	13:30	文远楼215		年级原理讲课：课题介绍、上海商业建筑\高层建筑发展及调研导览	谢振宇\余寅	群体概念设计	
			15:30	专教		课题讨论	指导教师		
	02/27	周四	08:00	专教		课题讨论\基地分析	指导教师		
			10:00	专教		课题讨论\基地分析	指导教师		
02	03/03	周一	13:30	钟庭报告厅		年级原理讲课：建筑综合体与城市空间	王桢栋		
			15:00	专教		调研及案例分析	指导教师		
	03/06	周四	08:00	专教		调研及案例分析	指导教师		
			10:00	专教		初步概念\功能梳理\群体空间组织\形态塑造	指导教师		第一阶段调研及案例分析
03	03/10	周一	13:30	钟庭报告厅		年级原理讲课：集合性商业设施的空间组合	吴长福		
			15:00	钟庭报告厅		年级原理讲课：高层建筑总体布局	余寅		
	03/13	周四	08:00	专教		初步概念\功能梳理\群体空间组织\形态塑造	指导教师		
			10:00	专教		初步概念\功能梳理\群体空间组织\形态塑造	指导教师		
04	03/17	周一	13:30	专教		初步概念\功能梳理\群体空间组织\形态塑造	指导教师		
			15:00	专教		初步概念\功能梳理\群体空间组织\形态塑造	指导教师		
	03/20	周四	08:00	钟庭阶梯展场		群体概念设计年级交流 展评	指导教师		第一阶段成果
			10:00			阶段小结	指导教师		
05	03/24	周一	13:30	钟庭报告厅		年级原理讲课：商业建筑设计原理	陈宏	商业综合体专题	
			15:00	专教		概念发展\功能\空间\交通\环境\形态	指导教师		
	03/27	周四	08:00	专教		概念发展\功能\空间\交通\环境\形态	指导教师		
			10:00	专教		概念发展\功能\空间\交通\环境\形态	指导教师		
06	03/31	周一	13:30	钟庭报告厅		年级原理讲课：数字设计技术	孙澄宇		
			15:00	专教		概念发展\功能\空间\交通\环境\形态	指导教师		
	04/03	周四	08:00	专教		概念发展\功能\空间\交通\环境\形态	指导教师		
			10:00	专教		概念发展\功能\空间\交通\环境\形态	指导教师		
07	04/07	周一	13:30	钟庭报告厅		年级原理讲课：商业建筑环境中的行为学	徐磊青		
			15:00	专教		设计深化\系统整合\要点深化	指导教师		
	04/10	周四	08:00	专教		设计深化\系统整合\要点深化	指导教师		
			10:00	专教		设计深化\系统整合\要点深化	指导教师		
08	04/14	周一	13:30	钟庭阶梯展场		商业综合体专题 年级交流展评	指导教师		第二阶段中期年级交流
			15:00	专教		设计深化\系统整合\要点深化	指导教师		
	04/17	周四	08:00	专教		设计深化\系统整合\要点深化	指导教师		
			10:00	专教		设计深化\系统整合\要点深化	指导教师		
09	04/21	周一	13:30			设计表达	指导教师		
			15:00			设计表达	指导教师		
	04/24	周四	10:00	专教		商业综合体专题 公开评图	特邀评委+指导教师		第二阶段成果
10	04/28	周一	13:30	钟庭报告厅		年级原理讲课：高层建筑设计原理、城市旅馆设计原理	余寅、陈宏	高层建筑专题	
			16:00	专教		调研及案例分析	指导教师		
	05/01	周四	08:00	专教		设计深化\总体调整	指导教师		
			10:00	专教		设计深化\总体调整	指导教师		
11	05/05	周一	13:30	钟庭报告厅		年级原理讲课：高层建筑形态设计	吴长福		第三阶段调研及案例分析
			15:00	专教		设计深化\高层单体\功能\形态\交通\标准层	指导教师		
	05/08	周四	08:00	专教		设计深化\高层单体\功能\形态\交通\标准层	指导教师		
			10:00	专教		设计深化\高层单体\功能\形态\交通\标准层	指导教师		
12	05/12	周一	13:30	钟庭报告厅		年级原理讲课：技术专题讲座-1 高层综合体的设备系统与设计	外请课程顾问 张智力		
			15:00	专教		设计深化\高层单体\技术统合\结构\设备	指导教师		
	05/15	周四	08:00	钟庭阶梯展场		高层建筑专题 年级交流展评	指导教师		第三阶段中期年级交流
			10:00	专教		设计深化\高层单体\技术统合\结构\设备	指导教师		
13	05/19	周一	13:30	钟庭报告厅		年级原理讲课：技术专题讲座-2 高层和综合体的结构设计	外请课程顾问 万月荣		
			15:00	专教		设计深化\地下空间\防火分区\日照控制	指导教师		
	05/22	周四	08:00	专教		设计深化\地下空间\防火分区\日照控制	指导教师		
			10:00	专教		设计深化\地下空间\防火分区\日照控制	指导教师		
14	05/26	周一	13:30	专教		年级原理讲课：技术专题讲座-3，建筑幕墙系统与设计	外请课程顾问 牛威		
			15:00	专教		年级原理讲课：技术专题讲座-4，建筑幕墙系统与设计	外请课程顾问 刘彬		
	05/29	周四	08:00	专教		高层建筑专题 公开评图	特邀评委+指导教师		第三阶段成果
15	06/02	周一	13:30	钟庭报告厅		年级原理讲课：设计深化与表达-	谢振宇	整合与深化	
			15:00	专教		深化整合	指导教师		
	06/05	周四	08:00	专教		深化整合	指导教师		
			10:00	专教		深化整合	指导教师		
16	06/09	周一	13:30	专教		深化整合	指导教师		
			15:00	专教		深化整合	指导教师		
	06/12	周四	08:00	专教		细部设计	指导教师		
			10:00	专教		细部设计	指导教师		
17	06/16	周一	13:30	专教		设计表达	指导教师		
			15:00	专教		设计表达	指导教师		
	06/19	周四	08:00	C楼地下展厅		城市综合体最终成果 公开展览	全体指导教师		最终设计成果

3.1.2 划分阶段

结合课程设计中学生的认知规律和设计进展，把 18 周的课程教学分为：群体概念设计（3 周）、商业综合体专题（6 周）、高层建筑专题（6 周）和整合与深化（3 周）四个阶段，按阶段编制设计任务书。各设计任务书均包括教学要求、设计任务、成果要求、参考资料等部分，前后呼应。

3.1.3 基地选择

真实的基地对学生现场调研、各项约束条件的理解、场所体验等方面尤为关键。我们从既有综合体项目中，筛选了 3 处基地，供学生任选其一。考虑到"长题"中包含了商业综合体和高层建筑两个专题设计内容，基地应具备商业和高层可组合和分离的可能性。

3.2 教学特色

3.2.1 时代性的城市背景

高密度城市环境中，城市综合体的建设，是提高土地利用、提升城市品质的重要策略。以城市综合体为选题，整合商业综合体和高层建筑的专题要求，体现了课程的真实性、城市性和时代性。

3.2.2 地域性的设计选题

课题的选择与所在城市地域特点紧密相关，充分利用上海得天独厚的环境优势，为学生提供大量的城市综合体实例来展开调查研究、案例分析、空间与环境体验的真实环境。

3.2.3 真实性的基地环境

选择基地都具备地段商业特色，设计条件接近区域规划设计条件，如容积率、建筑密度、建筑高度等；选择有地铁站点或地下轨道穿越的基地，引导学生组织和利用城市公共空间、地下空间、公共交通，并为地下空间的深化设计提供条件。

3.2.4 阶段性的设计推进

四个阶段的设计任务，既呈现顺序递进的关系，又突出专题设计内容和要求，且后面阶段的设计可以调整和优化前面阶段的设计成果，特别是整合与深化阶段，进一步促进了的各项设计内容的重组和深化。从而，充分发挥"长题"方式对培养学生设计深化能力的积极功效。

3.3 教学组织

通常，教学有 18 位教师参加 6 个班级的课程指导，由公共建筑学科组负责课程的策划、教学计划的制定和教学环节的控制。指导教师分别来自 8 个学科组，师资配置注重设计类课程与技术、理论类课程的师资搭配，并注重发挥教师的教学专长，

表 3 14 次讲座主题，大课组织及课程内容框架

第一阶段——群体概念设计

| 实地调研 |
| 案例分析 |
| 环境关联 |
| 体量组合 |

原理： 课题介绍、上海商业建筑高层建筑发展及调研导览
1）课题及教学计划介绍 2）上海商业沿革
3）上海商业建筑参观介绍 4）上海高层建筑沿革
5）上海高层建筑参观介绍 6）国外经典案例介绍

方法： 建筑综合体与城市空间
1）城市综合体建设热潮思考 2）城市综合体的城市性
3）城市综合体与城市交通 4）城市综合体与城市空间
5）城市综合体案例分析 6）城市综合体与城市文脉

方法： 集合性商业设施的空间组合
1）集合性商业设施的一般问题
2）集合性商业设施空间关联
3）集合性商业设施空间结构
4）集合性商业设施空间组合
5）集合性商业设施多方案比较
6）集合性商业设施发展趋势

第三阶段——高层建筑专题

| 环境景观 |
| 结构设备 |
| 垂直交通 |
| 生态塑性 |

原理：高层建筑设计原理
1）高层建筑设计特点 2）高层建筑结构设计
3）高层建筑流线设计 4）高层建筑安全疏散
5）高层建筑与地下空间 6）高层建筑设备系统

原理：城市旅馆设计原理
1）旅馆建筑设计概论 2）旅馆建筑总平面设计
3）旅馆建筑与城市空间 4）旅馆建筑公共空间设计
5）旅馆建筑客房单元设计 6）旅馆建筑设计案例

方法：高层建筑形态设计
1）高层建筑形态设计概论 2）高层建筑形态发展趋势
3）高层建筑形态与环境 4）高层建筑形态与结构
5）高层建筑形态与生态 6）高层建筑形态设计案例

技术：技术专题讲座——建筑设备
1）高层给排水专业系统 2）高层强电专业系统
3）高层弱电专业系统 4）高层暖通专业系统

技术专题讲座——建筑结构
1）建筑与结构的关系 2）城市综合体常见结构形式
3）不规则性与规则性 4）节点和细部构造的简化

技术专题讲座——建筑幕墙
1）幕墙的分类 2）幕墙的材料
3）幕墙与绿色建筑 4）呼吸幕墙介绍及案例分析

第二阶段——商业综合体

| 公共空间 |
| 交通流线 |
| 城市属性 |
| 生态塑性 |

原理：商业建筑设计原理
1）商业建筑概论 2）商业建筑历史发展
3）商业建筑基本问题 4）集合性商业中心
5）商业中心案例分析

技术： 生态技术的数字设计方法
1）数字生态技术概述 2）常用模拟软件介绍
3）热辐射环境模拟分析 4）日照环境模拟分析
5）风环境模拟分析 6）数字生态案例分析

方法：商业建筑环境中的行为学
1）商业环境中的行为学 2）商业环境人流路径分析
3）商业环境流线设计规律 4）商业环境场所塑造
5）商业环境案例分析

第四阶段——整合与深化

| 地下空间 |
| 设备系统 |
| 建筑细部 |
| 设计表达 |

表达：设计深化与表达
1）设计深化基本内容 2）设计深化基本方法
3）细部设计深化表达 4）分析的表达
5）模型的表达 6）图件的表达

表达：设计的实现与表现
1）从设计概念到设计方案
2）从设计方案到设计实现
3）设计实现的控制与再设计
4）建筑师在设计中的角色
5）实际工程案例详解

提倡教学方法的多样化。

3.3.1 教学要求明确清晰

以四个阶段的设计任务书为指导，教学小组制定了 18 周的教学执行计划。细化落实各个阶段中每个辅导课、原理课的内容与要求，以及每一阶段的节点和阶段成果，包括交流、讲评等方式。3 周的群体概念设计阶段，教学的主要内容包括调研、基地和案例分析，建立建筑综合体与城市关系、群体空间组织和形体塑造的基本认识，形成总体层面的设计成果，并组织年级的交流展评。各 6 周的商业综合体和高层建筑专题，教学内容侧重于各自的建筑特征，如商业综合体中的功能、空间、交通、环境、形态的系统集成和要点深化；高层建筑中的形态、景观、标准层、垂直交通、地下空间、消防、结构和设备系统等。两个专题分别安排中期成果年级交流展评和专题成果的公开评图。最后 3 周的整合与深化阶段，教学重点在于调整和深化，强调技术设计和细部设计、设计深化和表达，并要求学生整合各个阶段设计成果，制作成展板，组织全年级学期作业展。

3.3.2 大课教学系统组织

在教学执行计划中，大课的组织尤为关键。整个学期安排 14 次共 28 学时的讲课，按各个阶段的教学内容和知识点，组织 12 位教师主讲各个相关主题，大课的主讲老师不局限于该课程的指导教师，从课程的需要出发，邀请建筑系各学科团队中有研究专长的教师参与教学，同时，在技术深化环节，从设计院和专业公司聘请 3 位资深技术人员担任课程顾问，充分发挥"长题"教学方式在知识传授的系统性、完整性和即时性方面的优势。大课的内容包括基本原理，如建筑综合体与城市空间、商业建筑设计原理、高层建筑设计原理、城市旅馆设计原理等；设计方法，如集合性商业设施的空间组合、生态技术的数字设计方法、商业建筑环境中的行为学、高层建筑形态设计等；设计深化与表达，如设计表现与实现、地下空间设计等，尤其在课程设计的后期，3 位来自业界的课程顾问，作了建筑结构、建筑设备、建筑幕墙的技术专题讲座，有效提升学生的设计深化能力。

3.3.3 公开评图推动教学

公开评图是高年级课程设计的重要教学环节。每个课程设计结束时，建筑系从各大设计机构和事务所聘请资深建筑师和专家组成评审小组。评图中答辩的方式，不仅为学生提供了表达设计的机会，同时也让他们获得各方评委的点评和鞭策。在传统 9 周课程设计中略有遗憾的是，评委们做出的评价和建议，对于学生来说，在本次课程设计中已没有反馈的机会。而在城市综合体的"长题"教学中，除了各个阶段中的年级或班级的作业交流外，在商业综合体专题和高层建筑专题阶段组织 2 次公开评图，都对学生下一阶段的设计深化和调整具有直接的指导和引领作用，同时，在两次公开评图中，我们刻意为各个班级聘请相同的评委，从而使得评委们对学生作业的进展比较了解，其相应的点评更有连贯性和推动力。

3.3.4 评分机制灵活机动

城市综合体"长题"设计的评分，采用阶段成绩评定和激励性成绩修正相结合的方式。一方面，这项课程设计本身就由商业综合体和高层建筑两个课程设计组成，分阶段评定成绩，既是对学生各个阶段学习成果的肯定和鞭策，也是完成既定课程教学计划和课程教学要求的重要保障。另一方面，课程的各个阶段呈递进和深化趋势，为鼓励学生在设计深化方面的努力和投入，教学小组的教师们达成共识，即后阶段设计质量提升可以修正之前的初评成绩，特别是最后阶段的综合成果展览成绩在整个学期成绩中占据较大的权重，这一激励方式，激发学生的深化设计热情和持久力。此外，在最终作业展中，由全体指导老师参加，采用贴条的方式（不贴自己带教的班级）投票决定全年级的优秀作业，激励指导教师的教学热情。

3.4 教学小结

18 周的"长题"教学，最终的学生作业以全年级展览的方式呈现（这种形式通常只出现在毕业设计大展中），是对学期内贯通性和专题性相结合的课程设计教改探索的一次考评。整体上看，学生的课程设计作业质量和水准得到较大的提升，单从学生作业中的商业综合体和高层建筑部分看，其设计质量和深度也超过以前单一的课程设计，真正达到"1+1＞2"的长题教学效果。

4 结语

2011 年开始举办的全国高等学校建筑学科专业指导委员会组织的建筑设计教案和教学成果评选活动，对促进我们高年级课程设计教案建设的影响力是相当大的。回顾对参评教案的基本要求——"本设计题目的教学目标，本设计题目的教学方法，设计题目的任务书；本设计题目的试作过程，本设计题目与前后题目的衔接关系，教学过程，相应学生作业（不限于最优作业）及教师对其简单点评"，不难发现教案编制的真正意义，其核心内容是需要我们在教学中不断认知、探索和实践的。

三年级

建筑与人文环境设计
民俗博物馆

Design in Humanity Environment: Folk Museum

教师：张凡 谢振宇等
年级：三年级上学期
课时：8.5 周，每周 8
　　　课时

Teacher: ZHANG Fan, XIE
　　　　Zhenyu, etc.
Grade: Year 3, autumn
Time: 8.5 weeks, 8
　　　teaching hours/
　　　week

课题

　　民俗博物馆设计是建筑系建筑学专业三年级的第一项课程设计，处在承上启下的关键节点。设计以建筑与城市人文环境为背景，以民俗博物馆为功能载体，是职业化与卓越人才培养的重要环节。课程在有意识地强化学生社会意识、城市意识与文化意识的同时也十分注重建筑设计基本技能的训练。

　　总体设计：给学生提供三块周边环境不同的基地，分别位于上海两个历史文化风貌区中。鼓励同学在不同氛围的历史环境体验中，选择感兴趣的基地环境，针对博物馆建筑的功能性、象征性与城市性的不同侧重要求，深入总体设计。基地面积控制在 2 000m² 左右，总建筑面积控制在 1 200 m² 以内。

　　单体设计：博物馆建筑功能配置以展厅为主要空间，面积约占总建筑面积的 1/2，相应设置门厅、礼品店、讲堂等公共服务功能，以及办公、工作室、库房等管理后勤功能和室外展场。

目标

　　培养学生城市环境意识的形成，尊重场所、尊重文化、尊重历史，体会基地中的城市文脉，形成建筑设计和体验的着力点。

　　学习在城市传统街区和相邻老建筑的环境里，开展分析和设计的步骤、方法和原则，通过视觉、空间等关系处理的手法，使新老建筑相互融合。

教案展示 Architecture Teaching Symnopsis

加建是里弄里
一个常见的现
象,加建虽然给
城市整体的立
面形象造成破
坏,但却是最具
里弄生活气息
的地方之一。

N

区位图

基地紧邻地铁2号线南京西路站。
12号线在建。
公共交通便利。

茂名北路单向流线,自北向南。
威海路双向流线。
车流线对基地出入口设置存在影响。

基地保留墙体对居民、游客、路人三类
人群产生影响,结合博物馆可成为此地
的激发器。

基地西侧地铁在建,东侧一片围
合工地,南侧成排现代高楼。

基地环境分析

手段

现场体验与采样研究相结合：训练基于城市历史环境体验的总体设计思路，以及基于建筑体验的单体设计灵感。引导学生在 1.5 周内，分两次对基地进行踏勘，分别采用不同时间段和不同交通工具及进入方法，并事先制定好参观路径。对基地的基本特征和场地细节，做拍照及草图记录，并就里弄建筑的肌理、立面、细部进行采样研究。同时参观有代表性的博物馆建筑，写出调研报告，进行班级讲评。

案例分析与模型研究相配合：选取新旧共生博物馆建筑典型案例分析、评论；描述展区流线，评价其展示方式；手工做出主要空间的剖面模型，学习其空间和光线营造。

强调来自基地文脉的设计概念生成，引导总体布局和体量分配；强调来自建筑体验与剖面研究的功能组织，安排空间、流线、设计结构与造型。以新旧共生及建筑与环境体验开启城市人文环境中博物馆建筑的创新设计。

过程

教学计划将课程作业分为 5 个部分，分别为：①基地环境模型制作及第一次调研，完成 PPT 在班级作汇报讲评；②基地二次调研及案例研究，完成 PPT 在班级作汇报讲评；③博物馆案例剖面模型制作和流线研究；④博物馆概念设计成果的工作模型及草图表达；⑤完成最终设计成果。

前 3 周要求同学完成①—④部分，安排 3 次原理课程，组织紧凑的汇报与讲评环节，培养基于城市环境的博物馆设计概念的生成和表达。在第⑤部分公开评图前 2 周，组织正草图讲评和建筑构造与表皮设计与表达的讲课。在确保作业完成度的同时，满足训练深度要求。

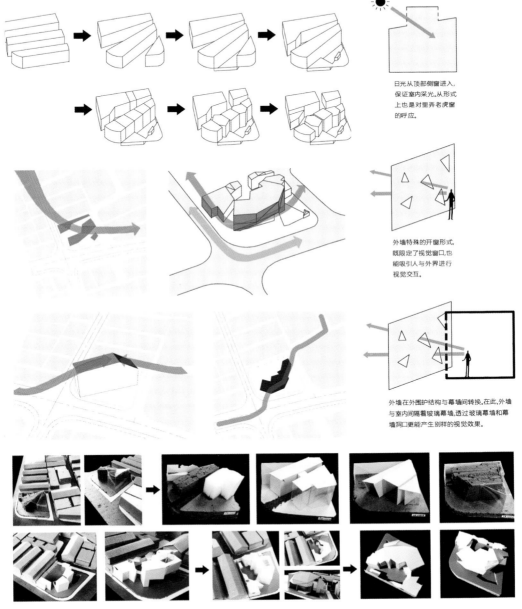

日光从顶部侧窗进入,
保证室内采光,从形式
上也是对里弄老虎窗
的呼应。

外墙特殊的开窗形式,
既限定了视觉窗口,也
能吸引人与外界进行
视觉交互。

外墙在外围护结构与幕墙间转换。在此,外墙
与室内间隔着玻璃幕墙,透过玻璃幕墙和幕
墙洞口更能产生别样的视觉效果。

设计分析过程

学 生：陈珝怡
教 师：张凡
年 级：2012 级

学生作业案例之一 "渡"

　　该设计以"渡"为关键词，选择城市转角地带，以历史的里弄肌理与现代城市肌理之间的中介角色，定义博物馆的体量分配和空间组织。沿道路设置折变渐高的建筑主体，巧妙呼应街道转角空间，充分展示建筑个性，并提示出与城市脉络呼应的内部公共通道。建筑成为城市肌理与脉络有机组成部分，充分表现"渡"的设计理念。合理利用北侧要求保护的里弄建筑墙体，精心组织室外展场和建筑入口空间。整个设计体量布局均衡而富有变化，在尺度控制及细节的把握上也非常出色，博物馆参观流线与展厅的光线运用与建筑造型有机结合。

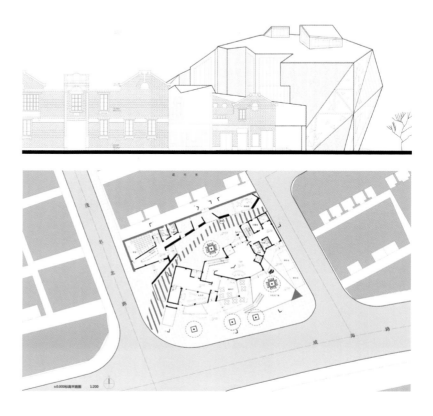

Transition——Folk Custom Museum
渡——民俗博物馆设计2

1150165 陈珊怡 12级建筑1班
指导老师：张凡

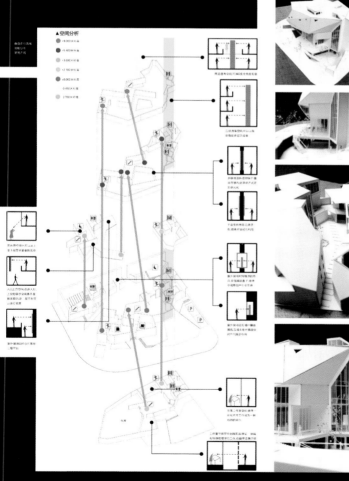

▲ 空间分析

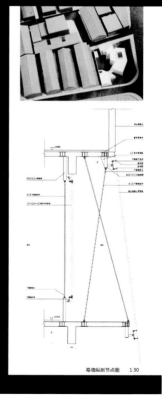

幕墙纵剖节点图　1:30

学生：邹天格
教师：王桢栋
年级：2012 级

学生作业案例之二 "观察城市"

　　博物馆建筑设计以历史建筑与环境"观察者"的角色与基地原有保护建筑一起构成新旧共生的场景。博物馆参观流线与层叠退台的建筑体量巧妙配合，形成面向历史街区与保护建筑的观察窗，设计使得参观者有机会在内部不同标高和不同角度欣赏历史建筑及景观，并在街道空间景观中，新建筑低矮，呈阶梯状环抱保护建筑的形态，自然地衬托出历史建筑的地标性，同时限定出博物馆以历史建筑为核心的室外展区。该方案在建筑体量布局与参观流线设置、室外场地形成、凸显历史建筑环境价值等方面的巧妙构思令人印象深刻。

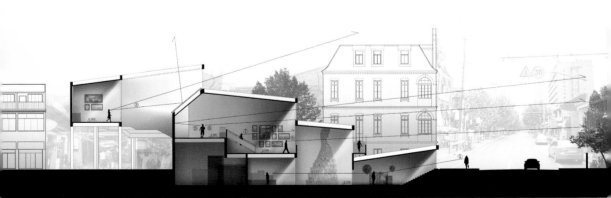

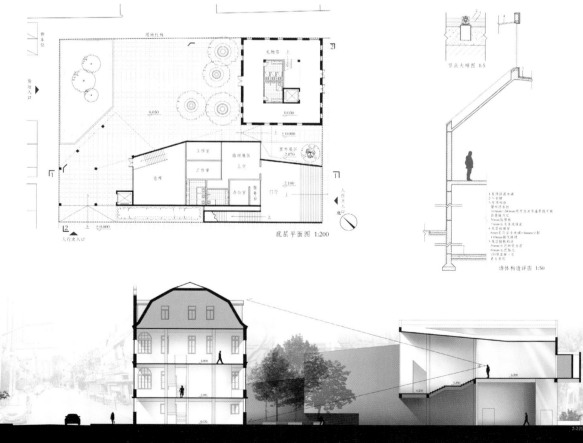

底层平面图 1:200

节点大样图 1:5

墙体构造详图 1:50

学生：李曼竹
教师：阮忠
年级：2012 级

学生作业案例之三 "里弄"

　　方案尝试从历史街区中抽取关键形态元素形成设计语言，转译到基地总体布局和博物馆的单体设计之中，达到新旧和谐的目的。5 个简单长方形的空间体量，通过长短、宽窄、高低的不同而形成错落布局，成功地烘托出保护建筑的层次丰富、具有里弄空间意象的外部空间。室内空间设计灵活地依据错动的形体安排紧张度有差异的展览空间。剖面设计中采光、空间高度与深度配合形成不同的场所体验。方案在建筑表皮材料与构造选择及其意义表达方面也有较为成功的考虑。

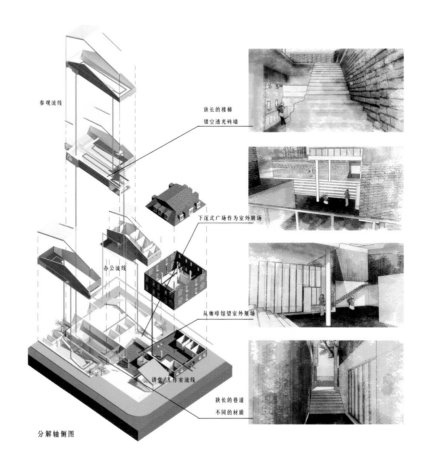

参观流线

狭长的楼梯
镂空透光砖墙

下沉式广场作为室外展场

办公流线

从咖啡馆望室外展场

讲堂/工作室流线

狭长的巷道
不同的材质

分解轴侧图

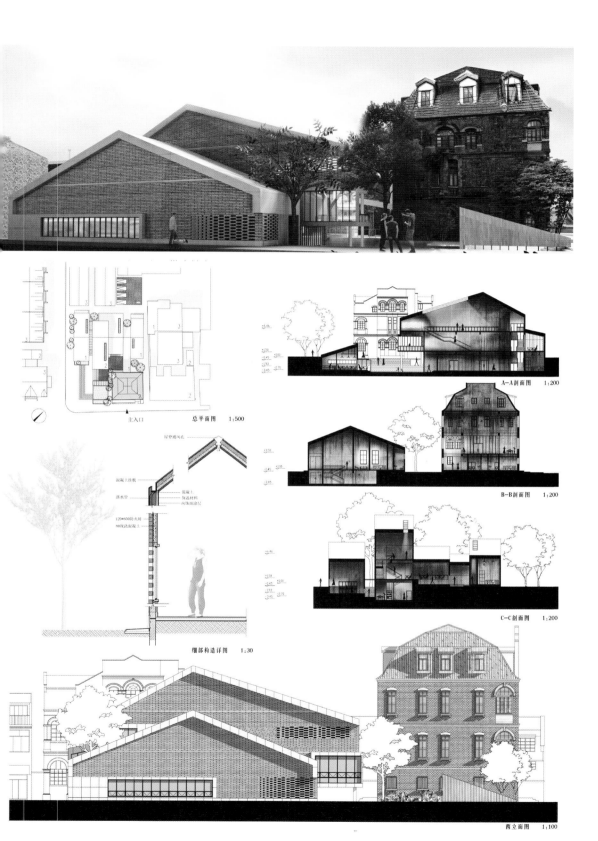

主入口   总平面图   1:500

屋脊通风孔

混凝土压板
混凝土
落水管
保温材料
内饰面涂层
120*600防火砖
80现浇混凝土

细部构造详图   1:30

A—A剖面图   1:200

B—B剖面图   1:200

C—C剖面图   1:200

西立面图   1:100

建筑与自然环境设计
山地体育俱乐部

Design in Natural Environment: Mountain Sports Club

教师：孙光临 佘寅
陈宏 徐凤 周
友超 沐小虎
谢振宇 冯宏
徐磊青 沙永杰
刘敏 徐洪涛
王桢栋 陈强
江浩 许凯
颜隽

年级：三年级上学期
课时：8.5 周，每周 8
课时

Teacher: SUN Guanglin,
SHE Yin, CHEN
Hong, XU Feng,
ZHOU Youchao,
MU Xiaohu,
XIE Zhenyu,
FENG Hong,
XU Leiqing,
SHA Yongjie,
LIU Min, XU
Hongtao, WANG
Zhendong, CHEN
Qiang, JIANG
Hao, XU Kai,
YAN Jun

Grade: Year 3, autumn
Time: 8.5 weeks, 8
teaching hours/
week

课题

江南某市郊山地拟建一体育俱乐部，设计要求反映文娱建筑的特点，处理好建筑与自然环境景观及地形的关系，充分反映作者的思考与创意。

学生可在地形图的 A、B、C、D 四个区域任选 5 000m² 左右作为建设用地；其余用地可根据设计者对娱乐体育项目的理解自行布置相关内容；从总体上统一考虑建筑与活动场地的设计。建筑面积控制在 3 000m² 左右。学生可自行确定体育项目及设计内容，同时必须完成相应的资料阅读及案例分析等文字作业。

本课题为建筑系建筑学专业训练的传统设计课题，至今已进行了二十余年；教学团队在实践中与时俱进地不断调整、充实与改良教学内容和方法。

目标

旨在培养学生在复杂地形条件下的建筑空间与形体组合的能力，处理建筑与自然环境及景观的关系；了解娱乐体育的一般常识，思考休闲体育活动与现代生活的关系；加深对建筑空间尺度及地形环境的感性认识。

学生对三维空间场所的感知与把握、对建筑构成与自然环境的深入理性思考是本设计课题关注的重点。

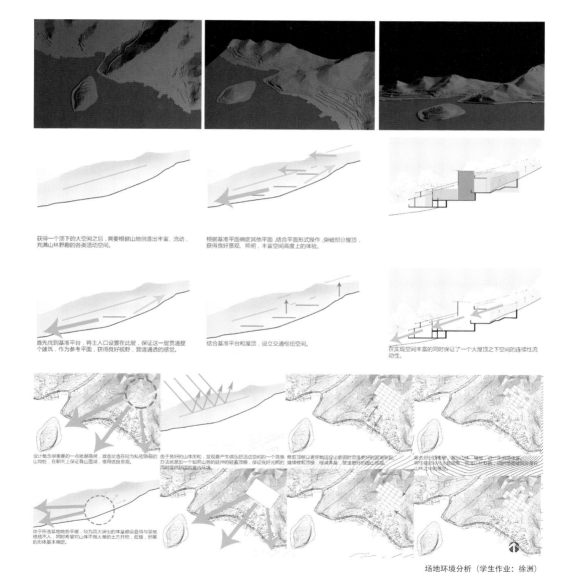

获得一个顶下的大空间之后，需要根据山地创造出丰富、流动、充满山林野趣的各类活动空间。

根据基准平面确定其他平面，结合平面形式操作，突破部分屋顶，获得良好景观、照明，丰富空间高度上的体验。

首先找到基准平台，将主入口设置在此层，保证这一层贯通整个建筑，作为参考平面，获得良好视野，营造通透的感觉。

结合基准平台和屋顶，设立交通枢纽空间。

在实现空间丰富的同时保证了一个大屋顶之下空间的连续性流动性。

设计概念很重要的一点就是隐逸，故选址选在较为私密隐逸的山地处，在朝向上保证靠山面湖，借用优良景观。

由于所选基地地势平缓，较为高大突出的体量都会显得与基地格格不入，同时希望对山体不做大量的土方开挖，低矮、舒展的形体基本确定。

由于良好的山体洲和。发现要产生俱乐部活动空间的一个简单办法就是加一个如同山势的延伸的轻盈顶棚，保证良好采光照明的连续修剪顶棚，降减体量，营造更好的遮阳环境，同时提供较好的室内环境。

修剪顶棚以更好地贴近山势润时营造较好的观测景观。

将去掉的体量移植、嵌入山体、地貌，进一步减少体量，将土壤和大大体量的填充，并且山体及形体都隐匿到山林之中的氛围。

场地环境分析（学生作业：徐洲）

手段

运用工作模型来思考设计，加深对三维环境空间的感性认识。

通过文献阅读、案例分析增长建筑知识，加深对建筑、自然环境的理解，提高建筑意识。

采用在一定程度上学生可以自主选择建设用地、自主选择运动项目的方式，提高学生学习的主动性，加强自主决策的能动性。

设计原理课的安排密切配合学生设计进度，尽可能让知识的传输发挥最佳的效用。

将年级讲评、大组讲评和最后公开评图等方式作为设计教学进度的控制节点，一方面促进学生达到相应的设计进度并创造相互学习的机会，同时教师之间也可以了解整个年级的教学进展情况，交流与协商教学中的问题。

理念

在教学过程中要关注学生相对全面的建筑意识的培养；强调与鼓励学生自主决断能力，加强学生自我培养的能动意识。

课程设计不同于现实中的建筑专业实践，应以建筑教育本身的要求作为评判的基础。本题目以建筑系教学大纲所列的基本建筑专业训练为基础，根据学生在设计技能不同方面的表现来评判打分，鼓励学生创意的同时更注重设计基本功的训练，回归对建筑本体意义的思考和对建造意识的关注。

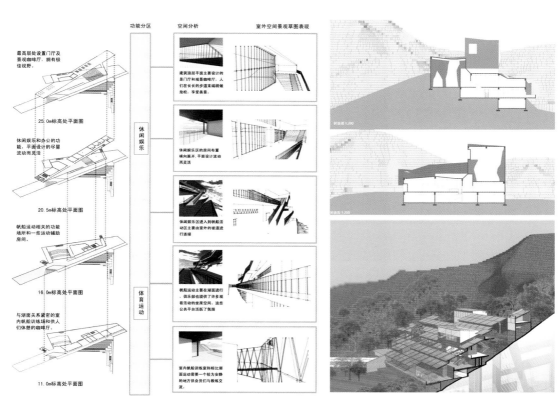

功能分区　空间分析　室外空间景观草图表现

最高层处设置门厅及景观咖啡厅，拥有极佳视野。

25.0m标高处平面图

休闲娱乐和办公的功能，平面设计的尽量流动而活。

20.5m标高处平面图

帆船运动相关的功能场所和一些运动辅助房间。

16.0m标高处平面图

与湖面关系紧密的室内帆船训练场和供人们休憩的咖啡厅。

11.0m标高处平面图

休闲娱乐

体育运动

建筑顶层平面主要设计的是门厅和观景咖啡厅，人们沿长长的步道末端硐能放松，享受美景。

休闲娱乐区的房间布置横向展开，平面设计流动而灵活。

休闲娱乐区进到帆船活动区主要由室外的坡道进行连接。

帆船运动主要在湖面进行，俱乐部也提供了许多观看活动的坐席空间。这些公共平台活跃了氛围。

室内帆船训练室训相比湖面运动需要一个较为安静的地方供会员们与教练交流。

设计分析（学生作业：徐洲 苏南西）

81

学生：周雅云
教师：阮忠
年级：2009 级

学生作业案例之一　　"山地攀岩俱乐部"

　　该设计表达了作者强烈的建筑构成意识，其建筑空间流畅舒展、内外结合有度。将一个有特色的概念深化并固化在一个具体的建筑方案上，除了形态控制技巧以外，还需要相对全面的建筑空间场所意识及其背后的价值判断，本设计如能借助山势来强化造型、再进一步充分发掘建造地点的全方位特征则会取得更佳的效果。

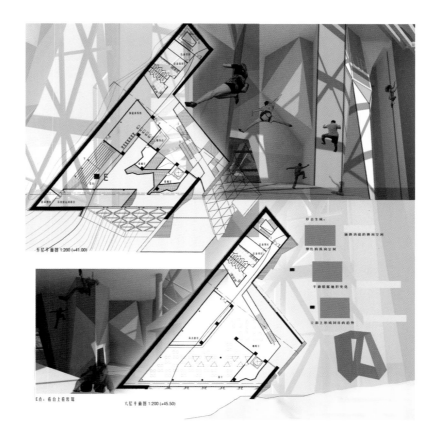

设计说明：攀岩是一项与大自然密切相关的极限运动。山地微气候、常年东南风、山体自遮阳是基地给予的优势。此外，秀美的风景和幽静的场所是城市中难能可贵的资源。攀岩需要集中的纵向延展型场所，意味着攀岩的纵向空间与辅助功能的水平向空间促成丰富的体验。取名为MAX，意为最大化，即将人与自然的空间感受，人与岩壁的关系，人与人的关系，通过一个原型进行强调，呈现趣味并亲近大自然的活动经历。

MAX 攀岩山地俱乐部设计
CLIMBING CENTER DESIGNING

090365 周雅云   指导老师：阮忠

总平面图 1：500

学生：王懿珏
教师：谢振宇 吴一鸣
年级：2010 级

学生作业案例之二 "小轮车山地俱乐部"

　　对建筑空间意境的把握较好，建筑造型也与所选择的运动项目有一定的关联度，建筑内部空间处理也清晰理性，设计图面也都充分表达了这一设计追求。但在建筑选址以及建筑与环境地形的结合度上还可以更上一层楼，并借此创造出更加有内涵的建筑形态与内部空间效果。

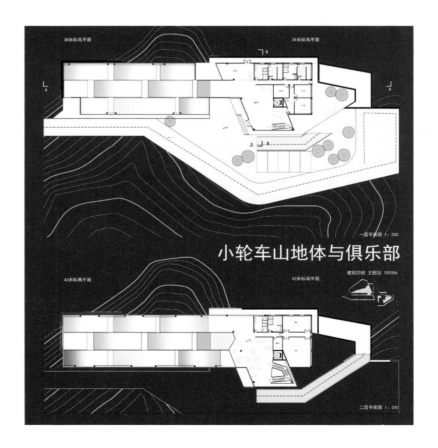

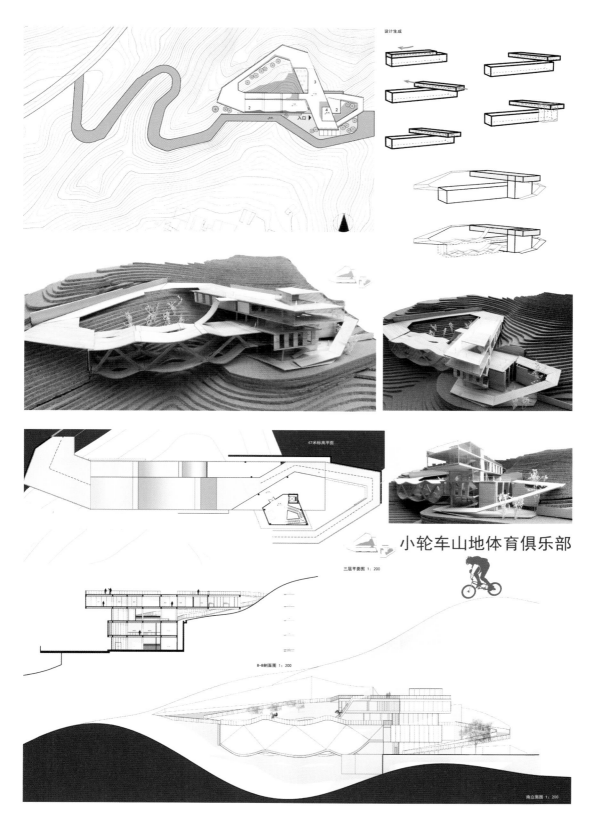

设计生成

47米标高平图

小轮车山地体育俱乐部

三层平面图 1:200

B-B剖面图 1:200

南立面图 1:200

学生：承晓宇
教师：孙光临
年级：2010 级

学生作业案例之三　"山地帆船俱乐部"

　　从总的设计构思上来看，设计方案在与建筑所处环境的对话以及建筑形态的表达上 具有一定的冲击力；建筑的构成逻辑也较为清晰、理性；设计的完成度也比较好。该生在设计上投入了较大的创作热情与精力，努力通过不同的建筑细部处理强化形态的合理性，图面的技术表达也较为完善，但建筑形象表达不够充分，如在建筑细部造型方面的自信心再加强一些，将会取得更大的进步。

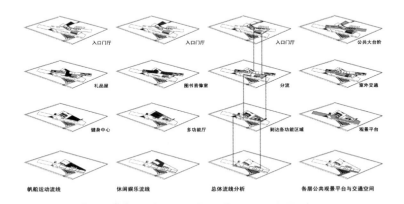

入口门厅　　　　入口门厅　　　　入口门厅　　　　公共大台阶

礼品屋　　　　图书音像室　　　　分流　　　　室外交通

健身中心　　　　多功能厅　　　　到达各功能区域　　　　观景平台

帆船运动流线　　　休闲娱乐流线　　　总体流线分析　　　各层公共观景平台与交通空间

南立面图　1:200

山水之·間
BETWEEN

山地帆船俱乐部设计

一零建筑一班 承晓平 100511　指导老师：孙光临

1 K名台
2 餐厅
3 酒吧
4 书咖啡
5 多媒体
6 展览区
7 办公区
8 帆船体检区

山

筑

水

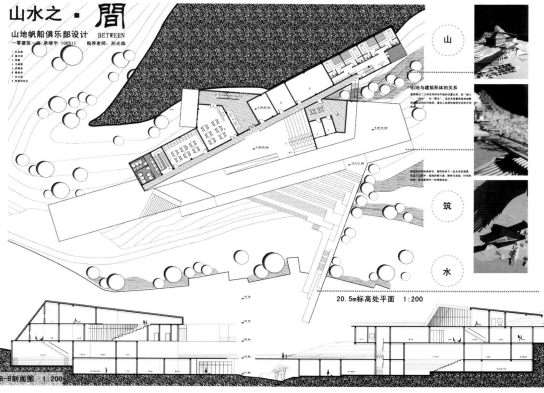

山地与建筑形体的关系

建筑嵌合于三维空间和场所设计的位置关系，切"嵌入""契合"和"飘浮"，这些关系通过采用错缝的形体设计构成了的空间秩序，建的人视窗环境提供自由的序与变换。

核心空间区域轻盈串联于，最终回应于十一处无多的视廊、视道与过程中，视线的错与差，时间轴上

20.5m标高处平面　1:200

8-8剖面图　1:200

城市综合体

City Complex

教师：谢振宇 吴长福
　　　王桢栋 佘寅
　　　陈宏 周友超
　　　汪浩 孙光临
　　　魏巍 陈泳
　　　龚华 沐小虎
　　　王方戟 刘敏
　　　周晓红 陈强
　　　庄宇 郭安筑
　　　Harry den
　　　HARTOG
年级：三年级下学期
课时：17 周，每周 8
　　　课时

Teacher: XIE Zhenyu, WU
　　Changfu, WANG
　　Zhendong, SHE
　　Yin, CHEN Hong,
　　ZHOU Youchao,
　　WANG Hao, SUN
　　Guanglin, WEI
　　Wei, CHEN Yong,
　　GONG Hua, MU
　　Xiaohu, WANG
　　Fangji, LIU Min,
　　ZHOU Xiaohong,
　　CHEN Qiang,
　　ZHUANG Yu,
　　GUO Anzhu, Harry
　　den HARTOG
Grade: Year 3, spring
Time: 17 weeks, 8
　　teaching hours/
　　week

课题

　　课题"城市综合体设计"将原有商业综合体设计和高层建筑设计整合，形成 17 周的长课题。课程的基地位于上海市杨浦区，共有 3 个地块：四平路海伦路地块、控江路打虎山路地块、控江路江浦路地块，每个地块规划红线范围均在 2.8~3.0hm^2，学生可任选一个地块。任务要求在基地内拟建包含商业、酒店和办公三大功能的城市综合体建筑，地上总建筑面积 70 000m^2，其中商业 20 000 m^2、限高 24m，酒店 30 000m^2、限高 100m，办公 20 000m^2，限高 100m。本课题从 2013 年开始，至今已经开展了三届。

目标

　　作为三年级阶段综合性较强的设计训练，本课程要求学生掌握建筑群体与局部的空间组织、建筑群体与城市整体的关系，培养学生综合协调处理建筑群体各要素之间关系的能力；掌握商业建筑、宾馆建筑及商办建筑的设计特点与设计规律，综合运用结构、设备、垂直交通及消防等相关专业知识；掌握高层建筑的群体造型处理方法，鼓励运用软件辅助进行建筑单体或群体的生态塑形；掌握建筑群体地下空间设计要点，强调建立建筑地上与地下空间一体组织的观念。

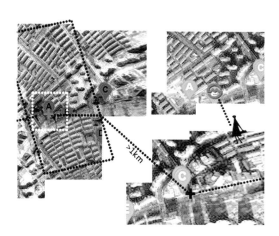

通过对基地周边的居民生活形态的调查和对基地商圈辐射范围的基本分析，得到了对基地的整体布局和建筑功能分布的基本思路。考虑到日照的影响，办公和酒店两座高层置于基地北侧，并在锦西路设置车行入口。沿控江路一面，设计中心广场吸引人群聚集。沿商业内街布置中心百货和零售店面。

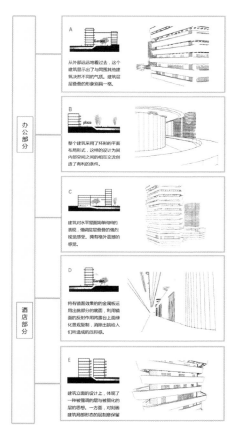

基地条件（学生作业：承晓宇 黄垚）

手段

　　课程采用长课题形式，在确保商业综合体设计和高层建筑设计两个课程模块的基本教学目标和要求的基础上，以提升学生设计深化能力为目标。师资配置注重设计类课程与技术、理论类课程的师资搭配，并注重发挥教师的教学专长，提倡教学方法的多样化。

　　教学要求明确清晰。以群体概念设计、商业综合体专题、高层建筑专题和深化与整合四个阶段的设计任务书为指导，教学小组制定17周的教学执行计划。

　　大课教学系统即时。课程共安排14次主题讲座，按各阶段的教学内容和知识点，组织各学科团队中有研究专长的教师和设计院及专业公司的资深技术人员担任课程主讲。

　　公开评图推动教学。课程在商业综合体专题和高层建筑专题阶段组织2次年级公开评图，保证评图对学生下一阶段的设计深化和调整有直接的指导和引领作用。

　　评分机制灵活机动。评分采用了阶段成绩评定和最终成果成绩修正相结合的方式，后阶段设计质量提升可以修正之前的初评成绩，激发了学生的深化设计热情和动力。

过程

　　教学结合课程设计中学生的认知规律和设计进展，将17周的课程分为群体概念设计（3周）、商业综合体专题（5.5周）、高层建筑专题（5.5周）和深化与整合（3周）四个阶段。3周的群体概念设计阶段，教学的主要内容包括调研、基地和案例分析，建立建筑综合体与城市关系、群体空间组织和形体塑造的基本认识，形成总体层面的设计成果，并组织全年级的交流展评。各5.5周的商业综合体和高层建筑专题，教学内容侧重于各自的建筑特征，如商业综合体中的功能、空间、交通、环境、形态的系统集成和要点深化；高层建筑中的形态、景观、标准层、垂直交通、地下空间、消防、结构和设备系统等。两个专题分别安排中期成果年级交流展评，并邀请校外专家参与专题成果的评图。最后3周的整合与深化阶段，教学重点在于调整和深化，强调技术设计和细部设计、设计深化和表达，并要求学生整合各个阶段设计成果，制作成展板，组织全年级学期作业公开展览和指导教师集体评分。

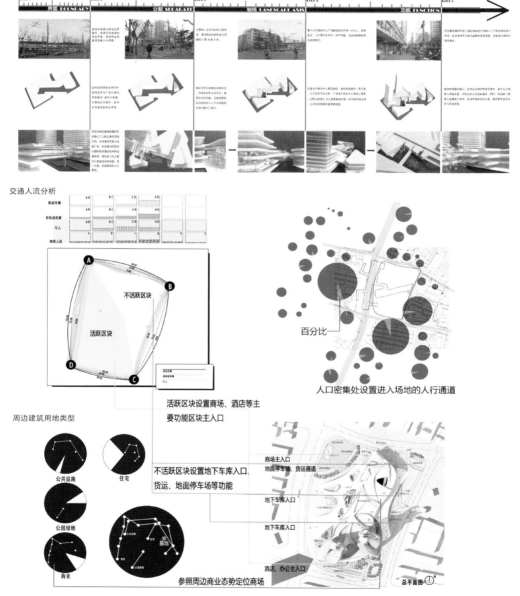

交通人流分析

不活跃区块

活跃区块

活跃区块设置商场、酒店等主要功能区块主入口

周边建筑用地类型

公共设施

住宅

公园绿地

商业

基地

参照周边商业态势定位商场

不活跃区块设置地下车库入口、货运、地面停车场等功能

百分比

人口密集处设置进入场地的人行通道

商场主入口
地面停车场、货运通道

地下车库入口

地下车库入口

酒店、办公主入口

总平面图

基地背景研究（学生作业：承晓宇 黄垚）

学生：承晓宇
教师：谢振宇 吴长福
　　　王桢栋 佘寅
　　　陈宏 周友超
　　　汪浩 孙光临
　　　魏巍 陈泳
　　　龚华 沐小虎
　　　王方戟 刘敏
　　　周晓红 陈强
　　　庄宇 郭安筑
　　　Harry den
　　　HARTOG
年级：2011 级

学生作业案例之一　"叠加的艺术"

　　方案积极应对基地环境和地铁站点的优势及制约，通过利用地铁站点转换层构建景观广场和下沉庭院，地上部分建筑通过多层平台、天桥和连廊等公共空间组织手段，共同营造开放、动态、体验丰富的城市综合体环境氛围；同时，以平台跌落的方式塑造和组合高层建筑及多层裙房的形态，高层建筑接地方式友好自然；取得了内外环境、景观、日照效益兼得的整体且联贯的城市综合体立体形象。

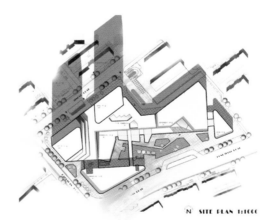

N SITE PLAN 1:1000

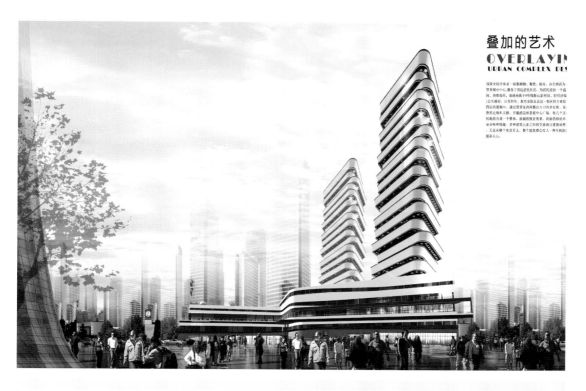

叠加的艺术
OVERLAYIN
URBAN COMPLEX DES

该项目综合体是一座集购物、餐饮、娱乐、办公酒店为贸易展览中心于四位体的民共区，为该民众提供一个温馨、消食场所。基地东临于繁华商山新时尚，距同济城际12分钟路程。日常居住、教育及娱乐显示一列区的主要职四层的建筑中，通过贯穿各有聚散入口的步行街；五普乐走向天桥、开敞的层景色地中心广场、有几个区机风风整合造一个整体。新颖的置景堂堂，清新的绿化环境塑造场面，多种建筑立意和间交通过建筑建筑的，无论从哪个角度看去，整个建筑都会给人一种主和的放命人心。

STEP 1
基地内规划好车行入口及地下车库入口，建筑外整齐体与用地边界相齐，使得长而连续的商业界面

STEP 2
建筑形体的构面、沿基地控制线及地铁出入口方向将建筑形体划割为三部分，中心部分设计室外广场

STEP 3
体块的插接与植入，首先在北侧输入两座高层，分别为办公和商务酒店，在东面一侧放入品牌店体块

STEP 4
基地东面面积较大且较完整的地块作为百货，零售沿中心广场及沿街布分布，酒店和办公座落于北侧

STEP 5
公共空间节点分析，广场做为商业中心的核心景观，主导人流，与之首端相连的是一条内街的商业街

STEP 6
业态分布情况，广场周边布置一临街摊，立体裙式的裙务，远离广场的是一些大型卖场、餐饮业的购消费

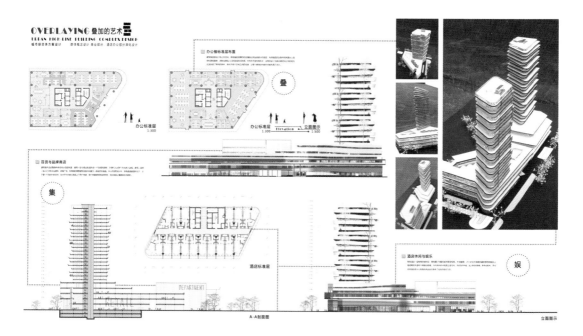

OVERLAYING 叠加的艺术
URBAN HIGH-RISE BUILDING COMPLEX DESIGN
城市综合体方案设计　群体概念设计　商业部分　酒店办公部分深化设计

叠

集

娱

办公标准层 1:300

办公标准层 1:300

立面图示 Elevation 1:500

办公楼标准层布置

百货与品牌商店

酒店标准层

酒店休闲与娱乐

DEPARTMENT

RETAIL

A-A剖面图

立面图示

学生：杨扬
教师：谢振宇 吴长福
　　　王桢栋 佘寅
　　　陈宏 周友超
　　　汪浩 孙光临
　　　魏巍 陈泳
　　　龚华 沐小虎
　　　王方戟 刘敏
　　　周晓红 陈强
　　　庄宇 郭安筑
　　　Harry den
　　　HARTOG
年级：2011 级

学生作业案例之二　"水街闹市"

　　方案围绕城市河流展开，将河水引入基地并充分挖掘河水与建筑及人的互动模式，与以地铁出入口为起点的竖向动线共同形成生动、有趣的水景空间。高层酒店延续综合体的屋顶折线元素，形成连续的空中形态，并辅助构成一系列公共空间平台和灰空间。方案定位明确，主题特色鲜明，形成连续统一的城市界面，且在满足综合体功能需求的基础上营造出尺度怡人、有活力的城市公共空间。

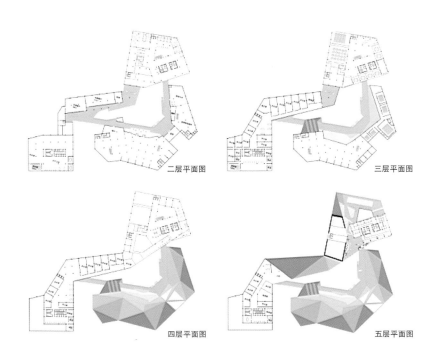

二层平面图　　三层平面图

四层平面图　　五层平面图

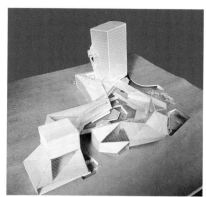

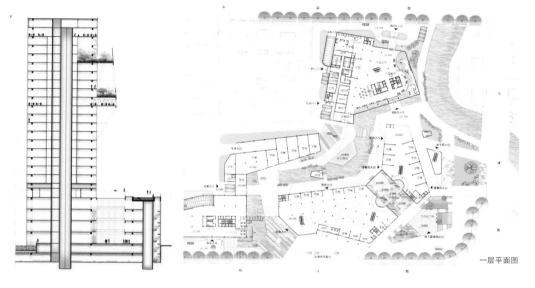

一层平面图

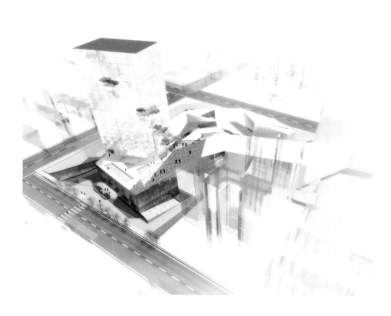

学生：黄垚
教师：谢振宇 吴长福
　　　王桢栋 佘寅
　　　陈宏 周友超
　　　汪浩 孙光临
　　　魏巍 陈泳
　　　龚华 沐小虎
　　　王方戟 刘敏
　　　周晓红 陈强
　　　庄宇 郭安筑
　　　Harry den
　　　HARTOG
年级：2011 级

学生作业案例之三　"生长"

　　方案概念清晰，遵循形式自治的原则，从神经元网络结构中抽象模拟出建构几何原型，并贯穿运用于整个设计。学生在建筑形体生成、室内空间利用、立面网格组织等方面做了大量的分析和研究。高层部分设计成果如平面、剖面以及内部空间和视觉效果比较清晰，空间组织及表达能力强。从设计前期的成果看，在对场地分析和布局策略的制定中，也作了许多细致的分析和比选工作。

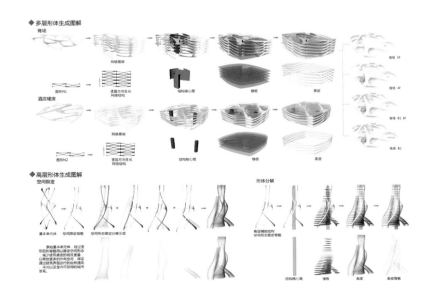

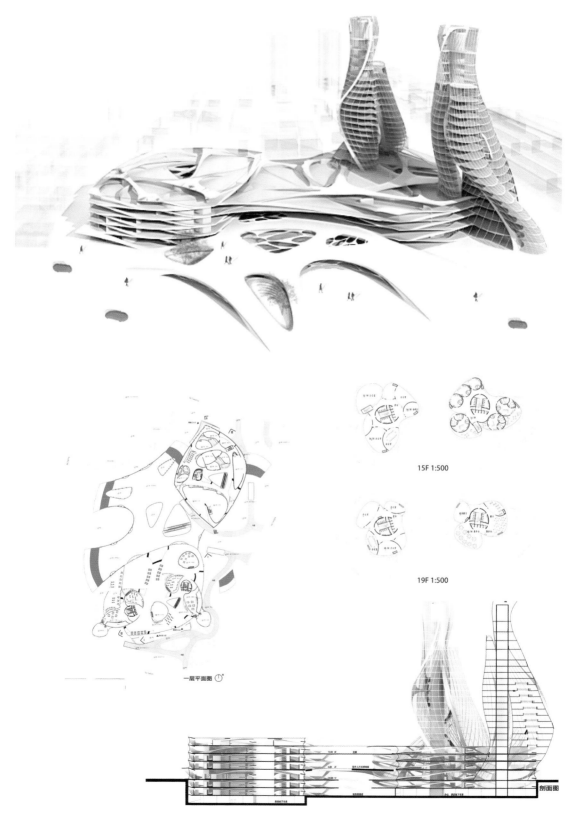

15F 1:500

19F 1:500

一层平面图

剖面图

三年级

未来博物馆

Museum in Future

教师：袁烽 吴迪
年级：三年级
课时：8.5 周，每周 8
课时

Teacher: YUAN feng, WU
Di
Grade: Year 3
Time: 8.5 weeks, 8
teaching hours/
week

课题

　　课程的基地位于徐家汇华亭宾馆南侧空地，紧邻历史文化街区，周围既有象征传统文化的老街区、教堂，也有赋有时代气息的体育馆和高架交通。历史街区的建筑如何与文化中心设计要求的未来性进行衔接，建筑设计的着手点是文脉，环境，还是建造与材料？我们的课程题目设计初衷即从上述问题着手，解决学生在设计过程中面临的问题，加强学生从特定角度着手深入解决问题的能力。基地面积 2 355m^2，要求设计的总建筑面积 3 500m^2。本课题从 2013 年开始，至今已经尝试了两届。

目标

　　数字工具与思维，基于数字工具的新思维方式给设计教学带来的大量可能性。

　　图解分析与思维，掌握图解思考工具，培养学生逻辑思维。

　　数字建造与实现，强调建筑的建构逻辑和可实施性。

　　综合协调与表达，将多元统筹协调及准确传达。

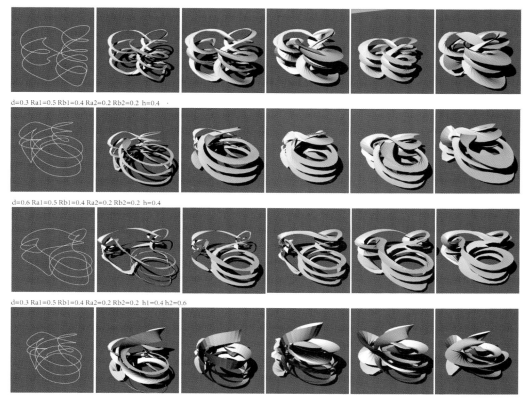

d=0.3 Ra1=0.5 Rb1=0.4 Ra2=0.2 Rb2=0.2 h=0.4

d=0.6 Ra1=0.5 Rb1=0.4 Ra2=0.2 Rb2=0.2 h=0.4

d=0.3 Ra1=0.5 Rb1=0.4 Ra2=0.2 Rb2=0.2 h1=0.4 h2=0.6

参数化流线原型（学生作业：何美婷）

手段

几何研究：以小型空间装置探讨几何研究成果

城市材料采样：由对材料的认识引发对建构的思考

图解城市环境：训练学生对城市阅读能力及具象抽象转化能力

原型生成分析：提取抽象前期思考结果并转化为几何原型

图解建筑功能与结构：清晰表达功能图解及结构图解

节点设计与数字建造：运用新建造工具辅助设计教学

过程

原型研究（5周）：以快题的形式在5周内分别从文脉，形式与材料这几个方面着手进行研究，得出的成果可以为后期建筑设计的深化提供思路并用来深化。

方案深化（8周）：根据前一个阶段的研究成果，在对建筑功能流线等分析的基础上对建筑方案进行深入设计，方案要能对基地所处的环境等进行积极的回应，并满足建筑的各项基本要求。

建造与材料（4周）：从"纸上建筑"落实为可以建造的实体离不开对建造与材料的关注。而随着数字技术的发展，传统的技术已经不能满足建筑师对建造的要求。我们将利用5周左右的时间进行五轴CNC（Computer Numerical Control，数字控制技术）、机器人等先进的辅助建造的工具的学习，并利用所学知识对建筑方案进行构造设计。

当拱的断面能包含力流路径时，即使材料部分开裂，结构单元仍能正常工作
When the dome section contains the power flow, the structural unit still works even if the material partially cleaved

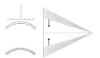

从形图解和力图解中可以发现，随着交点荷载的提升，正反拱的力流路径从中部逐渐往上推移
As a conclusion of the diagrams, with the upgrading of the load at the intersection point, the force flow path gradually goes up from the center

正反穹单元体结构成立的关键在于压低力流路径的矢高，使中部最薄弱处仍能稳定工作
The key of the positive and negative dome unit structure is to force down the flow path, so that the weakest point can still work stably

当拱的断面能包含力流路径时，即使材料部分开裂，结构单元仍能正常工作，因此可以通过增加拱顶材料的厚度来保证结构的稳定
When the dome section contains the power flow, the structural unit still works even if the material partially cleaved. Therefore, the structure's stability can be ensured by **increasing the thickness of the dome's top**

通过放大交点处的面积，增加正反穹的垂直荷载传递路径，使上部穹顶的荷载相对均匀传递下来，增加结构效率
Amplifying the area at the intersection can increase the amounts of vertical load transferring path. So that the load of negative dome can be transferred relatively uniformly down to increase the structural efficiency

结构优化——图解静力学
Structural Optimization——Graphic Statics

当拱只承受材料自重时，拱形为悬链线状与力流的契合度最高，用料最省
When the vault only support the dead load, catenary fits best to the force flow, least material

正反穹单元体交汇处，断面所承受荷载为其自重的几十倍
At the intersection point of positive and negative dome, the section support dozens of times as the dead load

从形图解和力图解中可以发现，当交点荷载达到断面自重自重的几十倍时，力流路径着终趋向三角形
As a conclusion of the diagrams, when the load at the intersection point is dozens of times as its dead load, the force flow path tends to a triangle shape

正反穹单元体结构成立的关键在于压低力流路径的矢高，使中部最薄弱处仍能稳定工作
The key of the positive and negative dome unit structure is to force down the flow path, so that the weakest point can still work stably

参数化受力原型（学生作业：毛宇俊）

统计模拟

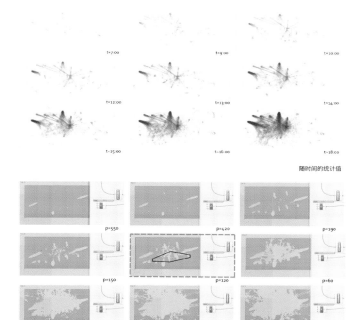

随时间的统计值

按频次选择合适临界值

人流活动特征分析（教学演示）

学生：毛宇俊
教师：袁烽 吴迪
年级：2011 级

学生作业案例之一 "从图解到建造"

　　设计以"穹顶"为原型，通过"穹顶"的正、反、内、外来进行形式与空间操作。利用羊毛线模型对穿越场地的流线进行优化，得到理性形态的整体控制。利用"穹顶"的内外来区分室内空间与城市空间，并且通过正反"穹顶"在场地内一定高度的地方生成了一个连续的公共空间，将城市空间引入到了建筑内，使得这个建筑有了很好的城市性，这是该作品中最值得肯定的地方。在结构方面，选用"穹顶"作为原型本身就具有良好的结构属性，另外对该原型基于图解静力学的优化也使得该设计的结构方面具有很好的说服力。

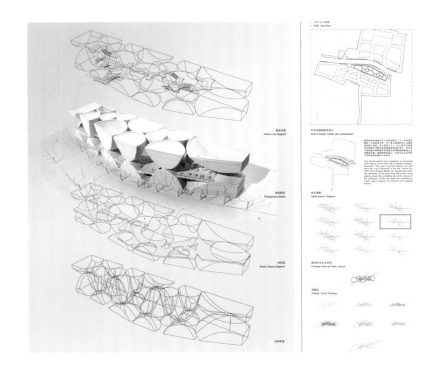

削面序列
The Section Sequence

1:250 二层平面图
1:250 Second Floor Plan

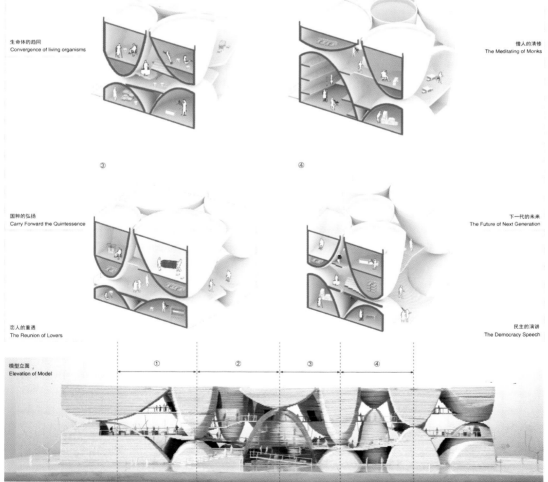

手工艺人的街道
Craftsmen's Street

流浪汉的庇护
The Asylum of Tramp

① ②

生命体的趋同
Convergence of living organisms

僧人的清修
The Meditating of Monks

③ ④

国粹的弘扬
Carry Forward the Quintessence

下一代的未来
The Future of Next Generation

恋人的重遇
The Reunion of Lovers

民主的演讲
The Democracy Speech

模型立面
Elevation of Model

① ② ③ ④

学生：何美婷
教师：袁烽 吴迪
年级：2012 级

学生作业案例之二 "互动艺术博物馆"

　　设计以"双螺旋线"为原型，进行了基于空间动线的设计思考：试图以两条流线之间的相互盘绕，你中有我，我中有你，形成封闭连续、具有延展性的动线系统。这个想法在该设计中得到了很好的实现：首先，两条流线中其中一条构成博物馆的内部空间，而另一条则是与城市进行互动的，为市民服务的室外区域，两条流线相互交织；其次，这种交织外化成为建筑的表皮的虚实变化和结构框架，实现了设计的高度统一性，这一点是本作品值得称赞的地方。

流线原型　　通过两条动线之间相互盘绕组合，形成扭结系统。通过参数加以控制：d 扭结距离；Rx 单体扭结半径；h 扭结高度。

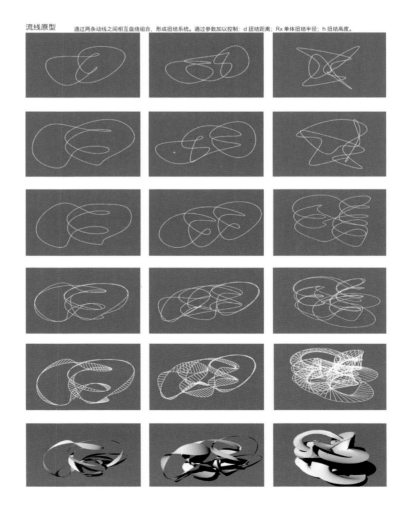

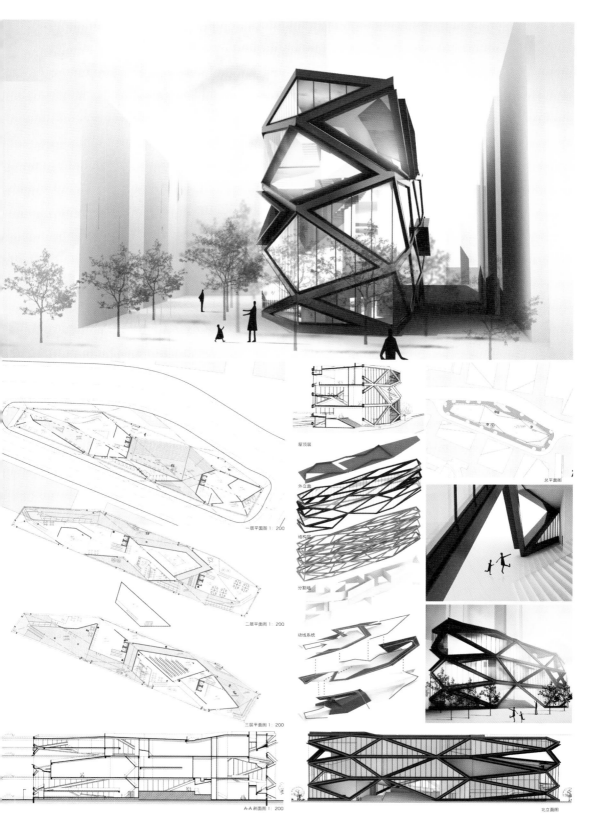

屋顶层

外立面

核构层

分割墙

动线系统

一层平面图 1：200

二层平面图 1：200

三层平面图 1：200

A-A 剖面图 1：200

总平面图

北立面图

学生：贺艺雯
教师：袁烽 吴迪
年级：2012 级

学生作业案例之三 "多面折叠——街头艺术博物馆"

设计以"菱形十二面体"为原型，主题为街头艺术博物馆，将十二面体作为街头活动的空间单元，依据流线与空间收放来对十二面体进行组合与堆叠，十二面体的楞成为建筑的结构框架，基于十二面体框架的四种直纹曲面成为空间分隔的手法，设计整体拥有很强的逻辑性和一致性。设计对构造也有细致的思考，墙体单元与墙体单元之间的设缝处理和不同直纹曲面墙体单元与结构框架连接构造的细微差异都进行了细致的考量。

原型 Prototype

准晶体结构研究 Quasicrystal Study

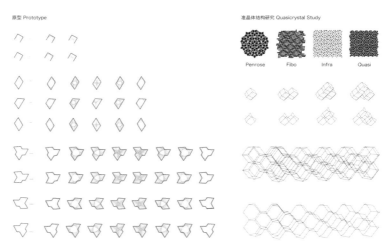

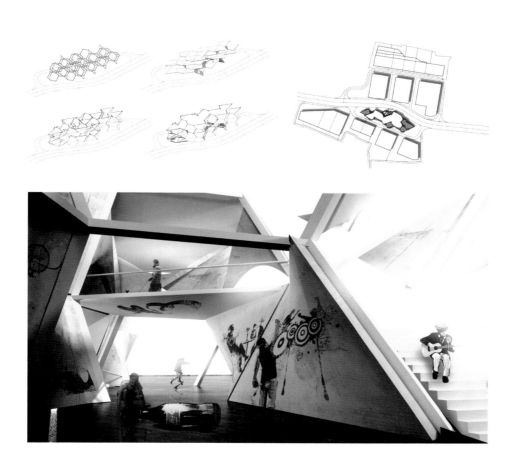

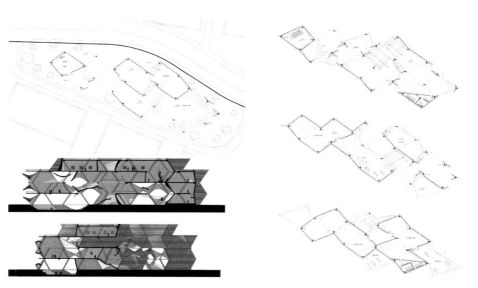

小菜场上的家（实验班）

Home above Market (Special Program)

教师：王方戟 张斌
　　　庄慎 水雁飞
年级：三年级上学期
课时：15 周，120 课
　　　时

Teacher: WANG Fangji,
ZHANG Bin,
ZHUANG Shen,
SHUI Yanfei
Grade: Year 3
Time: 15 weeks, 120
teaching hours

课题

　　课程的基地选在同济大学所在的上海杨浦区鞍山路、抚顺路转角处。任务要求在基地上建设一座新的社区菜场及住宅综合体建筑。基地面积 4 710m²，要求设计的总建筑面积 5 000m²，其中社区菜场 2 000m²，回迁住宅用房 3 000m²。本课题从 2012 年开始，至今已经尝试了四届。

目标

　　作为从基础训练往高年级建筑设计课过渡的课程，本课程首要目的是让学生树立更加全面、完整的建筑观念。对建筑中不同因素理解的完整性、全面性是课程的重点；其次，课程希望学生在对空间进行构思的同时，把握住空间的公私属性与人对空间心理认同之间的关系。对这种关系的理解力是组织当代都市建筑空间的重要条件，对于学生适应当代城市中建筑的设计具有重要意义。

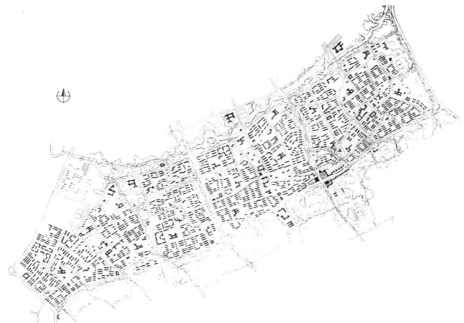

课程基地概况

手段

  课程采用长课题形式，让学生按顺序及问题等级完成一个全过程完整的课题。其中尤其强调在短题中较难展开的调研部分，该部分占到 2.5 周的时间。其后教学中按照顺序对概念、基地、体量、功能、动线、空间、结构、造型、构造及细节、图纸表现、表达等因素都依次进行讨论。这种形式的长课题可以使学生对自己所学的建筑学相关知识及设计技巧有一个梳理，形成相对正确的基本建筑观念，以便于他们继续接受高年级只在个别方面要求更高的设计训练。另外，通过任务的设置使学生在课题中尝试对建筑中公共与私有的关系进行分辨及设计，最终理解城市中空间性质与设计之间的关联性。

过程

  教学计划将 15 周的课程分为前后两个部分。前一部分 2.5 周 "都市稠密地区城市微更新设计" 是一个系统性调研的阶段。课程希望学生以小组的形式对基地周围城市的居住、菜场、沿街商业进行观察和研究，总结并完成研究报告。在报告的基础上，学生要在场地周围寻找进行微调后能大幅度提高城市空间品质的点，进行更新设计。此部分全为大课。学生完成的作业向全班及全部老师汇报。汇报的频率较高，并由三位任课教师进行点评。通过密集的汇报与评图，学生之间共享了调研所得的成果，了解调研中自己没有涉及领域的内容，让调研的效率大大提高。教师与学生之间则就当代中国城市内在发展逻辑的认识进行了充分的沟通。课程的后一部分 12.5 周，这个课程除了有通常设计课的要求外，还有对设计深度、构造、材料、细节、设计磨合度等方面的训练要求。这部分主要是由面对面的教师辅导形式进行的。课程的三位教师每人负责一个小组，每组 7 位同学。在辅导过程中有三次主要的评图环节。所有作业期末在学院进行公开展览，并在展厅进行课程最终的评图。

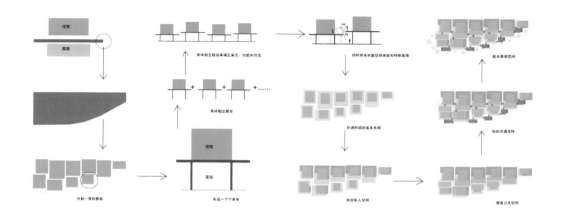

住宅
菜场

单体柜互错动来满足采光、功能和方位

单体柜互聚合

同时带来丰富空间体验和特殊氛围

配合景观空间

分割一贯的整柜

住宅
菜场

形成一个个单体

协调形成的基本布局

组织交通流线

划定私人空间

营造公共空间

菜场活动调研（学生作业：葛梦婷）

学生：葛梦婷
教师：庄慎
年级：2012 级

学生作业案例之一　　"板块聚落"

　　方案尝试用一个简单的空间模式营造一个丰富的空间，用众多单体聚合成了建筑的整体。设计中每个单体都是由一个住宅及其下部挑出的檐形成的。檐上是社区空间或居住空间，结构落下划定的空间是菜场空间。方案的单元性满足了住宅的构成需要，而这种单元还以紧密相接的方式出乎意料地形成了底层具有很好空间品质的连续大空间。在这个大格局之下，诸如住宅私密性、底层菜场的光线效果、动线与河道景观的关系等都被细心地考虑。

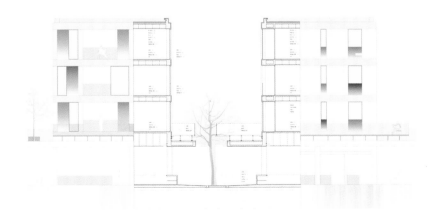

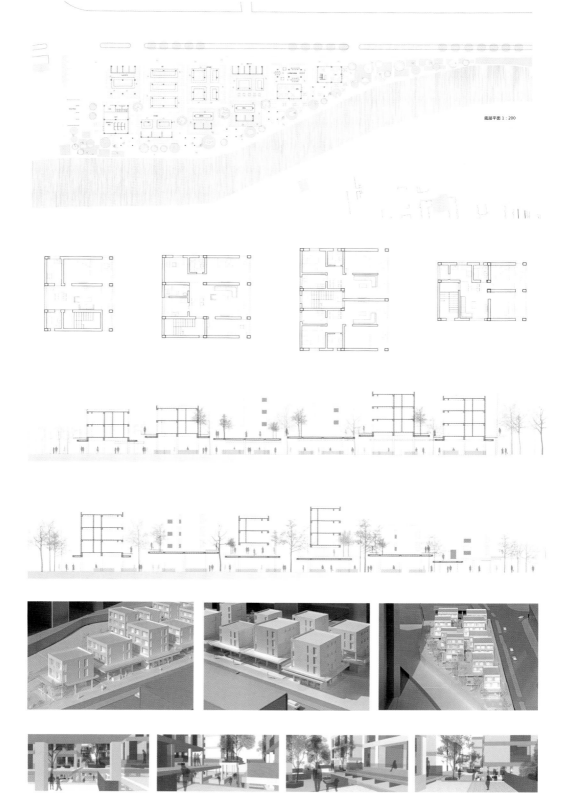

底层平面 1 : 200

学生：孙桢
教师：王方戟
年级：2012 级

学生作业案例之二　"穿行"

　　这个方案希望菜场不是一个将城市街道与河道阻隔的设施，而是城市中的人可以自由"穿越"的公共空间。因而底层菜场被设计得非常开敞，让街道与建筑后部的河道绿化空间之间保持通畅。住宅则用盒状结构堆叠在钢筋混凝土结构的菜场之上，堆叠后得到的诸多空隙让光线可以"穿越"建筑照到街道上来，带给城市街道更多的活力感。

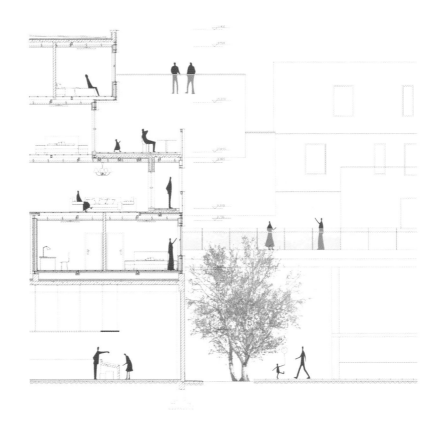

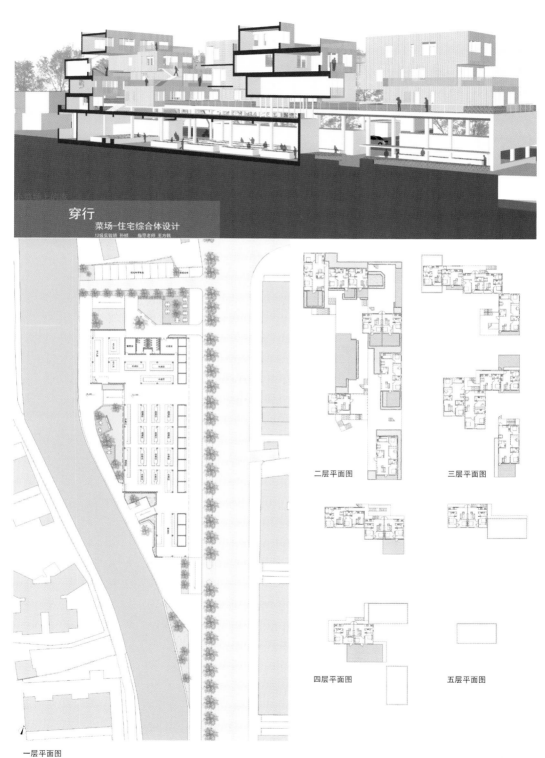

穿行
菜场-住宅综合体设计
12级实验班 孙桢　指导老师 王方戟

二层平面图　　　　　　　　　三层平面图

四层平面图　　　　　　　　　五层平面图

一层平面图

学生：吴依秋
教师：王方戟
年级：2014 级

学生作业案例之三　"聚落"

设计以"聚落"为关键词，以相对较小的体量灵活地排布，既适应了场地的不规则边界，使建筑可以有效地与场地各个边界的条件有效结合，又使住宅功能可以非常好地被使用。从体量上看其光照及布局的均衡性安排得非常舒适。另外，方案底层部分积极利用上部体量的排布，在使空间显得生动的同时，在流线及连贯性上又有充分的考虑。整个设计在尺度控制及细节的把握上也是非常出色的。

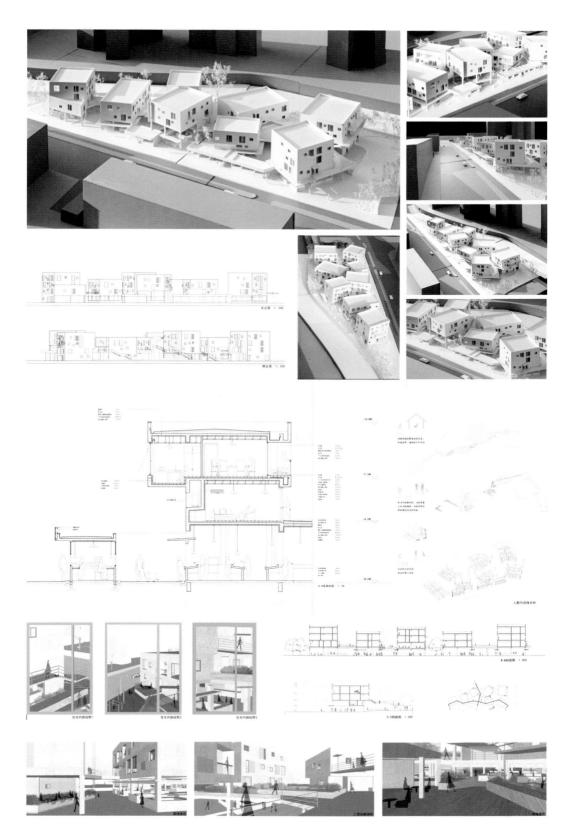

居住区规划
同济新村更新规划设计

Rehabilitation of Tongji Residential Village

教师：黄一如 姚栋
Placido
GONZALEZ
陈易 戴颂华
罗兰 蔡永洁
周晓红 司马蕾
王桢栋 许凯
Harry den
HARTOG
年级：四年级上学期
课时：8.5 周，每周 8
课时

Teacher: HUANG
Yiru, YAO
Dong, Placido
GONZALEZ,
CHEN Yi, DAI
Songhua, LUO
Lan, CAI Yongjie,
ZHOU Xiaohong,
SIMA Lei, WANG
Zhendong, XU
Kai, Harry den
HARTOG
Grade: Year 4, autumn
Time: 8.5 weeks, 8
teaching hours/
week

课题

本课题选择同济新村北片约 10hm^2 作为项目基地。配合同济新村南片的保护更新，北片考虑拆除重建更新。规划设计包含普通商品房、政策性住房、社区配套公共服务设施在内的主要功能。

同济新村现状面积约 18hm^2，是上海市大学配建家属区中面积最大的社区。同济新村由 1952 年开始规划，伴随着六十余年的城市发展，边界发生过数次变化，最终形成了由中山北路、走马塘、彰武支路、彰武路和四平路围合成的封闭性地块。同济新村建筑普遍存在老化现象，部分建筑物已经超出设计使用寿命。居住群体存在两极化特征：一方面户籍居民中人口老龄化非常严重，另一方面以大学毕业生为主的青年租房群体构成了同济新村租房户的主体。

本课题规划容积率 1.8，总建筑面积约 18 万 m^2。其中约 11.98 万 m^2 为普通商品住宅开发，5.14 万 m^2 为政策性住宅，剩余 8 750 m^2 为社区综合配套。规划同时对建筑密度、绿地率、高度、停车、间距、户型配比等内容做了明确规定。

目标

本课程的教学要求包括两个方面，首先是掌握居住小区修建性详细规划和环境模拟的基本技术要求，其次是增强对于社会性关注与城市文脉的挖掘。前者构成了本次教学的基础。作为本科阶段第一个非单体设计的课程，课程周期短且涉及的知识点众多，所以教学中必须首先保证学生对于基础知识与基本技能的全面掌握，强调满足技术要求作为住区规划的先决条件。课程希望在满足技术条件的同时以社会问题和城市文脉为线索梳理城市居住区的空间美学价值，从而建立更加务实且有责任感的更新规划设计方案。

手段

本课程设计强调对于基地的分析和对于技术要求的掌握，而个人成果的表达也应该将重点放在如何丰富并完善住区与城市的关系，如何通过适度的设计体现社会性关注。最终的教学目标是通过设计课程训练，在空间、技术与社会性角度下帮助学生完成居住区修建性详细规划技能的设计训练。

共 8.5 周的教学周期分为三个阶段：第一阶段 4 周，由 3~4 位同学一组，完成总体地块的规划设计；第二阶段约 2.5 周，由每位同学选取一个特色住宅组团进行深入设计，并独立完成其中一幢住宅建筑的平、立、剖设计；第三个阶段则需要完成包括小组集体与个人成果的设计完善与成果表达。

过程

　　设计过程分为技术成果与最终表现成果两个部分，分别提交。最终成绩由技术评分（30 分）与设计成果评分（70 分）共同组成。技术分部分要求具体需掌握 10 个方面的基本技术要点，包括容积率与建筑密度、退界、间距、停车、绿地率、套型与套型配比、主要技术经济指标、道路组织、消防，以及日照分析图、风环境模拟等。设计成果评分则需要考虑综合日常表现、小组成绩、个人成果完成情况与最终表达四个环节内容。

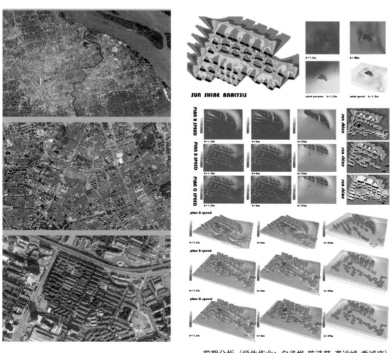

前期分析（学生作业：白承烨 陈浩慈 龚运城 乔诚文）

学生：郑星骅 汪晶晶
　　　杨柳青
教师：姚栋
年级：2011 级

学生作业案例之一　"樱花河畔"

　　规划设计以"樱花河畔"为主题，从同济大学与同济新村的地景与人文特征入手展开设计，并从交通、景观与公共活动等三个方面对同济新村的空间环境做出了完整的优化。规划设计很好地落实了技术要求，建筑设计充分考虑了在地性与经济性的要求，对于结构和户型也有细致的考量。整个设计实现了技术与美学表达的融合。

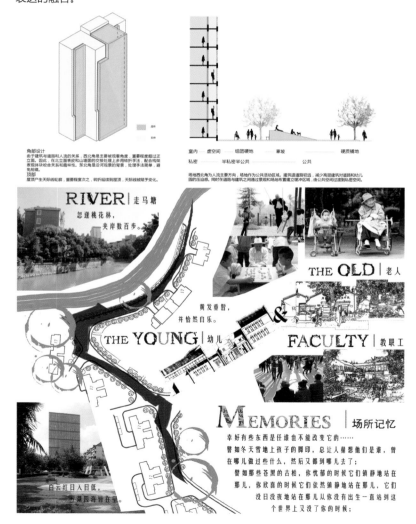

角部设计
由于建筑与道路和人流的关系，西北角是主要被观察角度，重要程度超过正立面、因此，在北立面表皮和山墙面的交接处提上多用转折手法，配合构图要现体块咬合关系和趣味性。东北角是沿河观景的背景，处理手法简单，避免构槽。
顶部
屋顶产生天际线轮廓，重要程度次之，转折延续到屋顶，天际线被赋予变化。

室内　　虚空间　　组团硬地　　草坡　　　硬质铺地
私密　　　半私密半公共　　　　　　　　　公共

场地西北角为人流主要方向，场地作为公共活动区域。建筑退道路校远，减少高层建筑对道路和幼儿园的压迫感，同时在道路与建筑之间通过景观和场地布置建立缓冲区域，由公共空间过渡到私密空间。

表皮生成 | Skin

| 统一模数 | Module | 尺度微调 | Adjust | 重新组合 | Merge | 虚实对比 | Comparison |

风景片段 | Fragments

视觉分割：取景框 | Viewing Frames

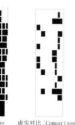

片段重组 | Reform

垂直绿化 | Vertical Greening

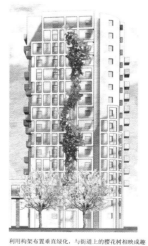

利用构架布置垂直绿化，与街道上的樱花树相映成趣

单体建筑小览 | Quick look
套型配比 | Type

类型		楼号	1-5			各类楼套数		
商品房	套型面积	456.14	88			340	38771.8 0	22.75
	套型面积	6.8				合计套数	合计面积	比例%
类型		楼号	13	19-22		各类楼套数		
商品房	套型面积	403.57	136			408	20582.0 7	12.08
	套型面积	9.12	19-22			合计套数	合计面积	比例%
类型		楼号	88	72		各类楼套数		
商品房	套型面积	359.56	88	72		580	50198.4 4	29.46
	套型面积					合计套数	合计面积	比例%
类型		楼号	13	14		各类楼套数		
商品房	套型面积	278.50	48	36		84	11697.0 0	6.87
	套型面积	15	16	17/18		合计套数	合计面积	比例%
类型		楼号				各类楼套数		
商品房	套型面积	230.19	50	36	32	180	18415.2 0	10.81
	套型面积	23	24	25		合计套数	合计面积	比例%
类型		楼号				各类楼套数		
其他房	套型面积	202.49	64	60	36	150	15437.7 4	9.06
	套型面积	26-28				合计套数	合计面积	比例%
类型		楼号				各类楼套数		
老年公寓	套型面积	251.88	68			204	12845.8 8	7.54
	套型面积	29	23			合计套数	合计面积	比例%
类型		楼号				各类楼套数		
老年公寓	套型面积	202.79	44	4		48	2433.48	1.43

学生：王建桥 李静思
　　　梁芊荟
教师：司马蕾
年级：2011 级

学生作业案例之二　"社区之脊"

　　设计以一条横贯东西的开放空间作为"脊梁"（spine）连接基地两端，借此打破了原来的同济新村内向式的社区形态，并为来往于四平路校区和彰武路校区的居民和师生提供了在日常生活中产生交流的场所，规划意图清晰、有新意。建筑物也顺应社区空间而生：住宅随基地本身和绿带扭转形成的肌理排布；公共设施由绿带串联起来；绿化也以此为主干渗透进南北两侧的组团中。布局的层次感把控出色，公共空间丰富而具有活力感。

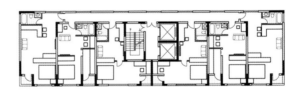

青年公寓一梯六户 平面图

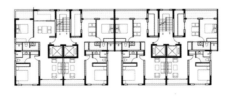

100 平方回迁房一梯两户 平面图

90 平方回迁房一梯两户 平面图

总平面图 1:1000

人车分流之车行　　　　　　　　人车分流之人行　　　　　　　　景观延伸

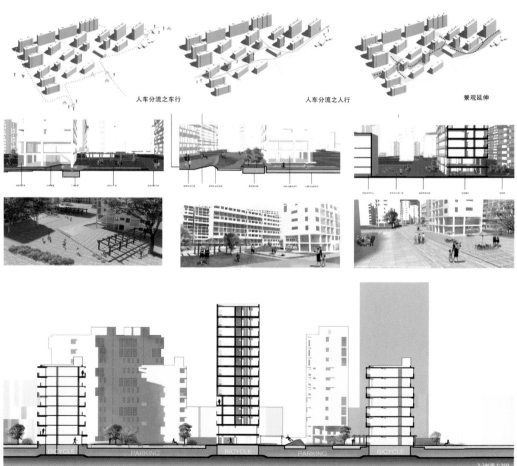

2-2剖面 1:250

四年级

上海北外滩虹口港地区城市设计

Urban Design for Hongkou Harbour Area in North Bund, Shanghai

教师：陈泳 庄宇
许凯 戴颂华
姚栋 王红军
王一 杨春侠
董春方 沙永杰
罗兰 陆地
张凡 张鹏
Harry den
HARTOG
年级：四年级上学期
课时：8.5 周，每周 8
课时

Teacher: CHEN Yong, ZHUANG Yu, XU Kai, DAI Songhua, YAO Dong, WANG Hongjun, WANG Yi, YANG Chunxia, DONG Chunfang, SHA Yongjie, LUO Lan, LU Di, ZHANG Fan, ZHANG Peng, Harry den HARTOG
Grade: Year 4, autumn
Time: 8.5 weeks, 8 teaching hours/ week

课题

设计基地东临西安路和旅顺路，北抵东汉阳路，西倚南浔路，南至东大名路，总占地 12.3hm²，其中东长治路北侧 A 街区 5.6hm²，南侧 B 街区 6.7hm²。任务要求对此地区进行保护性复兴建设，除了对基地保留建筑考虑功能置换之外，街区 A 拟增建筑面积约 6 万 m²，街区 B 约 4 万 m²，功能包括创意办公、特色宾馆、商业购物、休闲餐饮和影视娱乐及文化展示等，建筑限高 100m。本课题从 2013 年开始，目前是第二届。

目标

"城市设计"是建筑系本科专业设计主干课程的最后环节，在学生基本掌握大中型建筑的设计方法和综合能力的基础上，学习城市空间分析和城市形态设计的基本技巧与方法，帮助学生了解复杂城市环境的构成要素及基本规律。同时，通过对城市空间与建筑形态的互动研究，以公共空间塑造为核心，探索城市形态各要素之间的耦合机制，从更大范围思考城市整体环境的形成规律。

教案展示 Architecture Teaching Synmopsis

124

城市肌理变化

1928年   1949年   2014年

当时虹河西岸已经是人口稠密的住宅区和工业仓储区，而东岸由图上看去除去沿江航运仓储功能外仍处于初步开发阶段。

这一段时间，虹河两岸进一步发展，建筑在过去的二十年间明显增多。虽然建筑密度在变大，但缺少统一的规划，并没有形成有组织的城市肌理。

进入21世纪后，该地区发展改建很快，尤其是虹河东岸，在过去十几年间建起了多栋高层住宅。商业体闲区的介入也是该地近年变化的一大特点。

现有建筑年代划分

紧邻虹河两岸的老建筑相对保留完整，其中西岸的建筑历史更为久远，保存也更为完好（就群落而言），而东边的新建筑则较多，由很多新的住宅建筑，也有商业部分。沿江地区东岸的老建筑几乎全部丢失。

■ 1939年前建造
■ 1940-2000年间建造
▨ 2000年后建造

基地周边历史建筑概况

A. 1933老场房   B. 海员医院   C. 圣芳济书院

D. 同仁医院原址   E. 白玉兰广场   F. 上海港客运中心

G. 耶松船厂   H. 角田公寓

沿河立面

基地内原沿河界面基本以2（住宅、里弄）到4层（旧仓库）为主，远处的高层作为背景。站在河两岸可以看到对面街道的完整立面，产生新旧的对比。

基地内典型河道断面

虽然基地内有虹口河穿过，但是河道现在和两边街道的关系非常不好。由于防洪墙高出地面1.5-2m，在路上并不能看到水面，甚至在两侧建筑间无法看到河流全貌，在河岸两旁道路上行走时，我们感受到的是路边的一堵高墙，而非河流。

前期分析（学生作业：罗君临 周姝 叶帅 叶心成 刘哲圣 李辰 柳兰萱 朴埈庆）

手段

　　课程以城市要素耦合为核心，将城市设计面对的复杂环境简化为相对集中的专题研究。在基地分析中，设定区域特征、功能使用、空间肌理和交通动线等 4 个主题指导学生进行城市环境调研与解读，进而提炼环境资源要素与主导问题。在此基础上，引导学生运用逻辑分析和创造思维为基地寻找一个最有利的开发方向，并强调从基地与城市环境、人工与自然因素、新建与历史场所、公共与私密空间、步行与机动交通等 5 个方面探讨城市要素的耦合机制与设计对策。在设计训练的同时，在每个设计环节之间插入相应的理论授课，帮助学生对城市设计概念及方法的理解和掌握，增强教学的针对性和有效性。

过程

　　教学计划将 8.5 周的课程分为 3 个单项练习阶段，设计由练习来推进。第 1 阶段是 2 周的前期研究，从基地开始，班级分成大组（每位老师指导一个大组，约 8~10 人）对设计基地与周边地区展开系统调查，发现该区域的问题和发展潜质，并且通过典型案例的学习拓展其思维和想象力，采用答辩交流的方式共享分析成果。第 2 阶段是 1 周的目标策划，基于街区的问题、需求和资源，各设计小组（建议 3~4 人）选择街区 A 或 B 进行设计，提出城市设计目标与策略，并提交设计概念图纸和模型，要求学生注重基地前期研究和城市设计目标之间的关联逻辑性。第 3 阶段是 4 周的整合设计，在概念方案的基础上，通过不同比例的实体模型和设计草图推进设计发展，开展城市设计中的各项体系设计，完成总体方案，并划分区块进行深化设计，培养城市要素整合设计的能力。在上述 3 个阶段末都安排集中的班级评图环节。最后各设计小组成员在合作方案基础上，独立完成所有作业成果，在班级进行课程最终的评图。

步行体系联接

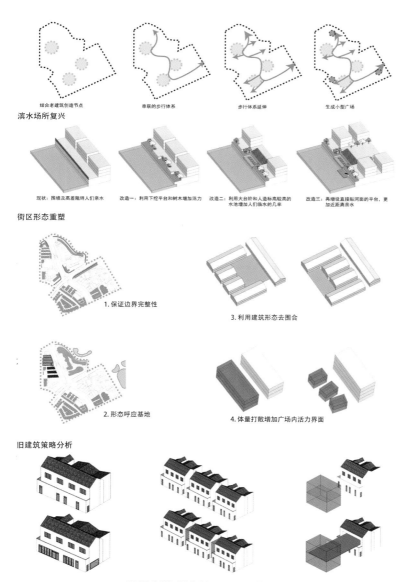

结合老建筑创造节点　　　串联的步行体系　　　步行体系延伸　　　生成小型广场

滨水场所复兴

现状：围墙及高差阻碍人们亲水　改造一：利用下挖平台和树木增加活力　改造二：利用大台阶和人造标高较高的水池增加人们临水的几率　改造三：再增设直接贴河面的平台，更加近距离亲水

街区形态重塑

1. 保证边界完整性

3. 利用建筑形态去围合

2. 形态呼应基地

4. 体量打散增加广场内活力界面

旧建筑策略分析

设计策略分析（学生作业：罗君临 周姝 叶帅 叶心成 刘哲圣 李辰 柳兰萱 朴埈庆）

学生：刘含 张润泽
　　　丁一 姜晗笑
　　　崔婧 何凌芳
　　　梁宇
教师：杨春侠 王一
　　　董春方
年级：2011 级

学生作业案例之一 "近水而市，沿港以集"

虹口港原为近代上海港口贸易活跃地区，由于外围交通环境的变迁引发经济与物质环境的衰退。方案以"近水而市，沿港以集"为主题，着力于复兴街区经济活力，重塑滨水空间形态，契合了历史地段再生的目标。植入小体量滨水商业建筑以再现传统的市集氛围，并建立二层步行体系提高滨水可达性，带动周边商业区的立体发展。另外，方案在新老建筑共生、滨水岸线活动组织等方面也都进行了精心的设计。

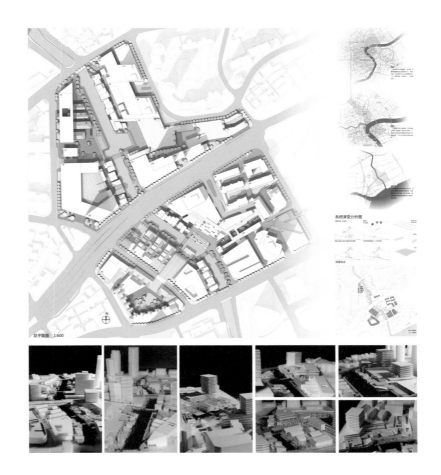

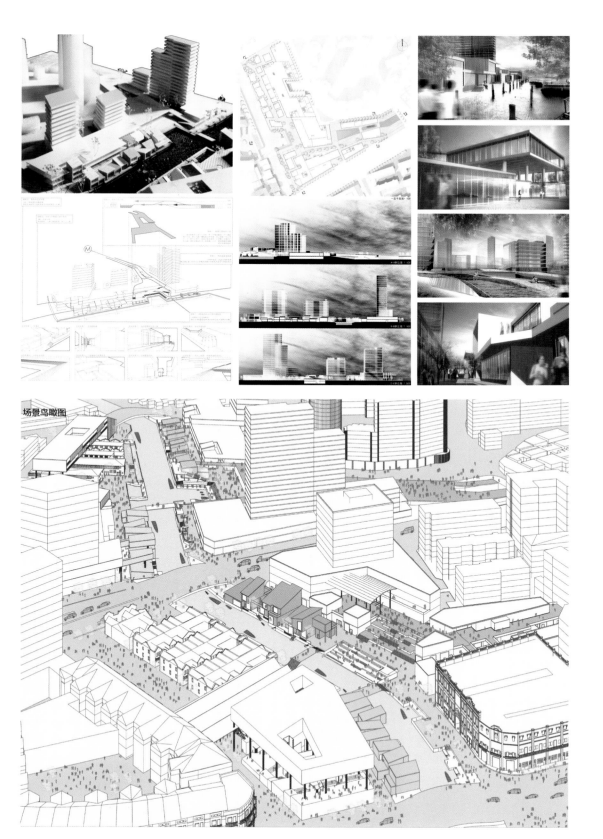

场景鸟瞰图

学生：钱静 张家宁
　　　陈泓少 洪安萱
教师：陈泳 姚栋
　　　王红军
年级：2011 级

学生作业案例之二 "顺水行人"

　　以步行人流在基地内日常穿越的生活路径为设计线索，生成与周边路网及公共交通站点紧密联系的街区空间结构，以此打通街区脉络，复兴街区活力。在此基础上，方案以生活路径为重点进行场所塑造，强化"顺水行人"的概念。一方面设置线性水景，加强空间引导，这也有利于将虹口港的水资源向基地外围拓展；另一方面衔接历史建筑，让它们向城市生活开放。另外，方案在虹口港滨水环境设计、立体步道组织与民国建筑保护性利用等方面也颇具新意。

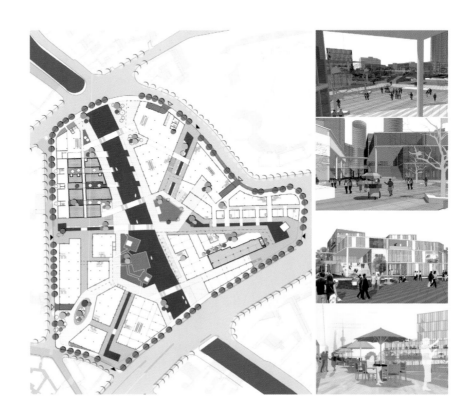

基地功能区分轴测图

基地不同人群需求分析

基地人群分布

设计生成分析

1. 保留建筑　2. 新建楼群　3. 考虑周边环境　4. 介入多功能区分　5. 确定中心节点　6. 确定具体形态　7. 丰富具体细节

设计概念图

功能分区图

轴线连接示意图

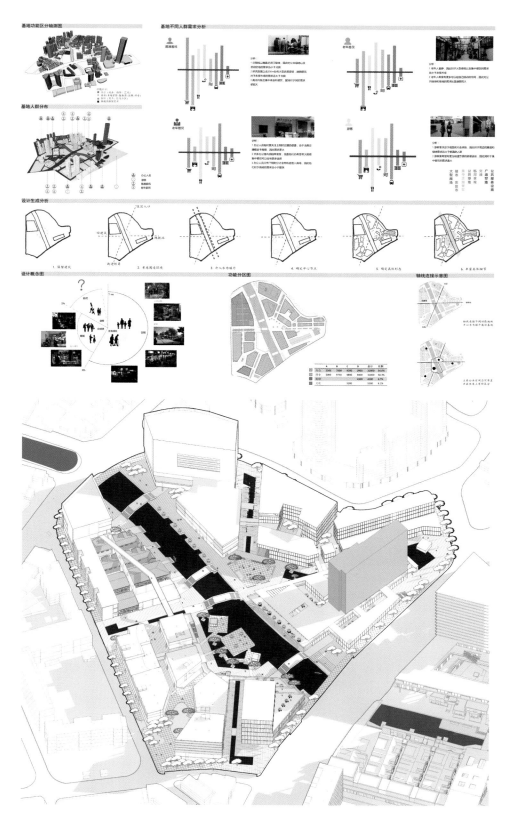

学生： 罗君临 周姝
　　　 叶帅 叶心成
　　　 刘哲圣 李辰
　　　 柳兰萱 朴埈庆
教师： 陆地 沙永杰
　　　 罗兰
年级： 2011 级

学生作业案例之三 "纽带"

　　方案基于场地资源与问题的总体分析，提出滨水空间、建筑形态与新旧共生等方面的设计策略，并以"纽带"为关键词，强化公共空间组织，注重与河流、历史建筑、城市景观及市民生活的有机衔接，呈现了较好的环境整合效应。同时，方案对空间界面的考虑也各具特色，如街区界面强调整体性与识别性，滨水界面注重宜人性与渗透性，新老界面之间考虑连续性与互补性，并且探讨了老建筑立面再利用的可行性。

总平面图 1:1000

公共空间分析

公共空间剖面

公共空间类型

一层公共体系

二层公共体系

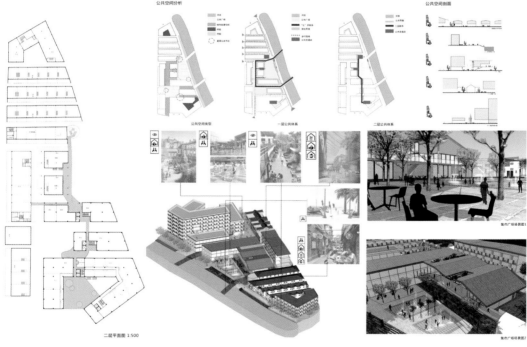

二层平面图 1:500

集市广场景图1

集市广场景图2

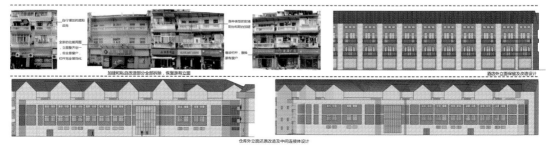

加建和私自改造部分全部拆除，恢复源有立面

酒店外立面保留及改造设计

仓库外立面还原改造及中间连接体设计

四年级

建筑学专题设计
绿色领事馆

Subject Based Studio: Green Consulate

教师：李振宇
年级：四年级下学期
课时：7.5 周

Teacher: LI Zhenyu
Grade: Year 3
Time: 7.5 weeks

The ecological design, the methods of sustainable architecture design have been investigated in this unit.

课题

由于现有领事馆用房功能分散、办公面积不足等原因，美国驻上海总领事馆拟在世博滨江地区"耀元路—耀龙路"新建领事馆及附属用房，总建筑面积 18 000m²，基地面积 2.7 hm²。

目标

城市设计：了解外交建筑在城市设计层面的基本要求，初步掌握相关规范、功能布局、空间组织、形态材料、景观要素、日照分析、经济技术指标等方面的内容。

建筑设计：掌握外交建筑设计的基本要求，培养复杂功能和建筑空间融合的能力，了解外交建筑的类型发展、功能要素、空间形态、建筑防火等方面的要求。

关键因素：学习不同文化对建筑的诉求。重点掌握外交建筑在绿色技术、城市文化、功能布局、安全防护四方面的设计原理及方法。

绿色建筑：掌握绿色建筑设计技术，学习绿色建筑（被动式建筑、产能建筑及分布式太阳能设备等）的设计方法。

设计组织：强调团队合作设计的组织与协调，提高基地调研、程序规划、模型表达、交流汇报、图纸表现的综合能力。

手段

课程采用普通课题形式，让学生按"调研—城市—建筑—技术"四个步骤完成一个全过程的课题。其中尤其强调建筑和城市的关系，以及绿色理念的实现，该部分占到 3 周的时间。教学中对理念、基地、造型、功能、流线、空间、结构、构造、表达等方面都进行讨论，从而可以使学生形成相对正确的外交建筑和绿色建筑理念，设计训练有助于培养他们面对相对陌生的建筑类型时的适应能力。另外，通过任务的设置使学生在课题中尝试对建筑中技术和形态如何最好的结合进行研究设计，最终理解建筑空间与可持续性之间的协调关系。

过程

教学计划将 7.5 周的课程分为前后三个部分。第一部分 2 周，以调研为主要工作：分为基地调研考察美国驻上海领事处、领事馆舍花园、基地，与美方座谈，对著名领馆项目进行案例分析。课程希望学生以小组的形式对基地周围城市的城市空间及界面、景观元素等进行观察，在功能、形象、安全防护三个方面对成功案例进行研究，并总结为研究报告。第二部分 3 周，以城市层面的建筑组群设计为主，并结合绿色建筑主题综合考虑。本部分邀请了同济大学邓丰博士后和唐可清博士分别作了关于"绿色建筑"和"外交建筑"的报告，学生通过研究各个国家的绿色建筑标准，加深对绿色建筑主题的认识。第三部分 2.5 周，这个课程除了有通常的设计课要求外，还有对学生的设计深度、构造、材料、细节、设计磨合度等方面的训练要求。这部分主要是以面对面的教师辅导形式进行的。课程邀请了同济大学城市规划设计研究院苏运升老师，以及博士生卢斌、孙淼等一起参与对学生的辅导。课程结束还邀请美国驻上海总领事史墨客先生等，一同进行最终的评图。

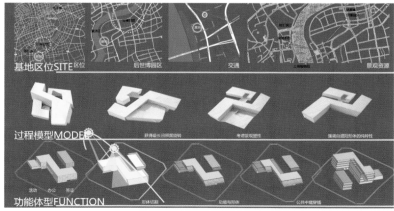

基地条件分析（学生作业：高琳婕）

学生：张灏宸
教师：李振宇
年级：2011 级

学生作业案例之一　　"包裹"

　　方案以螺旋为核心展开，将原本分散的功能组织在一个连续的体量当中，塑造了具有纪念性的体量。向南倾斜的屋顶充分利用采光和太阳能，同时创造了一个积极的，带有半地景性质的屋顶花园，这都很好地回应了基地"人工——自然——政治特殊性"的命题。螺旋的形式形成了热工性能很好的形体，平面中特殊的三角形向内螺旋的几何形成了一个连续而具有层级划分的内院系统，开放与私密的界限十分暧昧，连同建筑本身的功能排布也有着公共向私密递进的趋势。建筑流线的组织回应了领馆工作的特殊需求，表现出对诸多细节的细致考虑。

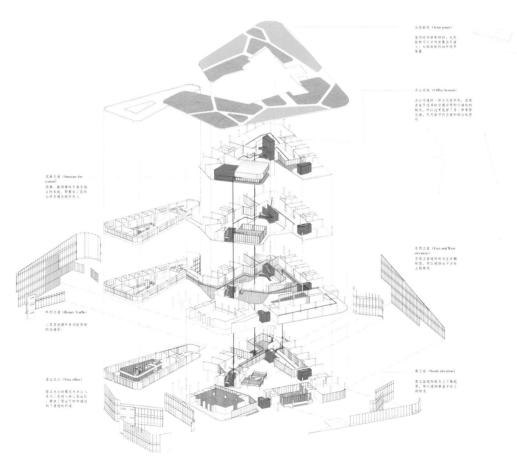

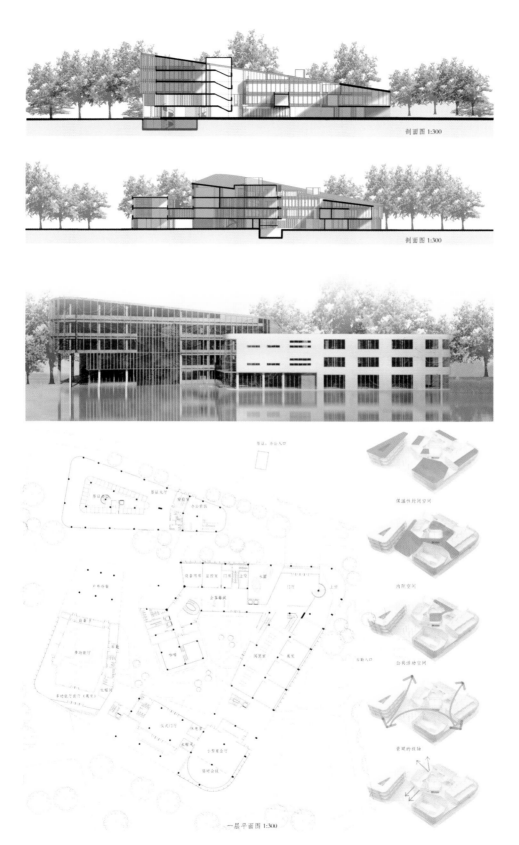

剖面图 1:300

剖面图 1:300

保温性封闭空间

内院空间

公共活动空间

景观的视轴

客证、办公入口

后勤入口

一层平面图 1:300

学生：高琳婕
教师：李振宇
年级：2011 级

学生作业案例之二　"阳光水色"

　　方案以可持续为理念，以阳光利用为着手点，在设计中运用结合多种方式达到"绿色"领事馆的设计概念。通过建筑形体的倾斜和立面百叶的设计使建筑东南向形成冬暖夏凉的效果，西北立面形成雨水收集的坡面；同时运用"光廊"和屋顶北面采光结合太阳能板减少室内采光用电量；此外，通过建筑内部大小空间的组合形成良好的春秋季自然通风、冬季保温，并进行了功能划分和室内动线梳理。

GREEN

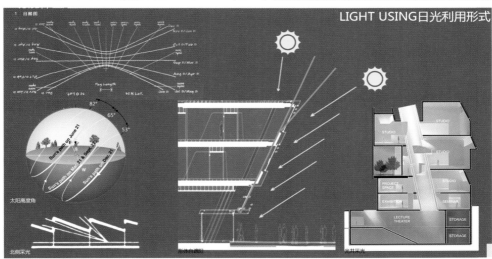

LIGHT USING日光利用形式

太阳高度角

北侧采光

形体自遮阳

光井采光

STUDIO
STUDIO
STUDIO
STUDIO
PROJECT SPACE
SEMINAR
EXHIBITION
LECTURE THEATER
STORAGE
STORAGE

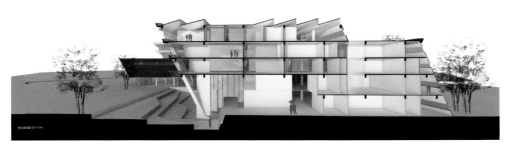

剖切透视图 SECTION

四年级

建筑学专题设计
观演建筑

Subject Based Studio: Theatrical Building Design

教师：袁烽
年级：四年级下学期
课时：8 周，每周 8
　　　课时

Teacher: YUAN Feng
Grade: Year 4
Time: 8 weeks, 8
　　　teaching hours/
　　　week

课题

　　设计基地位于上海长宁区虹桥路、水城路、延安西路之间的三角形地块。该开发区属于古北新区，与虹桥迎宾馆及西郊宾馆隔路相望，地块毗邻虹桥。任务要求在基地上建设一座观演综合体，包括一个大剧院、一个音乐厅、一个多功能厅、一个影院以及多个专题剧院、艺术中心和少量商业、教育等功能。基地面积74 243m²，要求设计的总建筑面积 50 000m²。本课题从 2004 年开始，至今已经进行了 10 届。

目标

　　在观演建筑设计学习方面，首先，注重培养学生们通过历史的视角审视观演建筑的类型演变；其次，通过大量实践辩证学习传统资料集与观演建筑范式来学习观演建筑的设计方法；再次，强化多功能剧场、多厅剧院和传统剧场研究。

　　在设计思维方面，首先，是运用数字工具与思维，基于数字工具的新思维方式给观演建筑的设计带来很多新的可能性；其次，是图解分析与思维，掌握图解思考工具，培养学生逻辑思维；再次，是强调数字建造与实现，强调建筑的建构逻辑和可实施性。

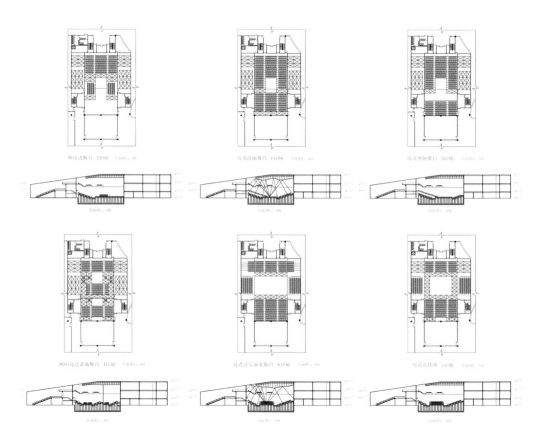

观演厅模式（学生作业：王紫霓 王培清 杨雍恩）

手段

观演建筑发展史学习：从历史的角度对剧院进行认识

城市材料采样：由对材料的认识引发对建构的思考

图解城市环境：训练学生对城市阅读能力及具象抽象转化能力

原型生成分析：提取抽象前期思考结果并转化为几何原型

图解建筑功能与结构：清晰表达功能图解及结构图解

节点设计与数字建造：运用新建造工具辅助设计教学

过程

理论学习（1周）：通过观演建筑发展史讲座和现代观演建筑设计案例研究来进行理论学习。

概念方案内部竞赛（2周）：基于个人的城市调研和原型研究，每个人进行初步的概念方案设计，然后进行内部竞赛，投票选出 6 个方案进行下一步的合组深化。

方案深化（3周）：根据前一个阶段的研究成果和选出的概念方案，在对建筑功能流线等分析的基础上对建筑方案进行深入设计，方案要求能对基地所处的环境等进行积极的回应，并满足建筑的各项基本要求。

表达与建造（2周）：成果表达方面，首先，是以大量的过程图解呈现原型的生成、优化和设计的逻辑思路；其次，是进行五轴 CNC（Computer Numerical Control，数字控制技术）、机器人等先进的辅助建造的工具的学习，并利用所学知识对建筑方案进行构造设计。

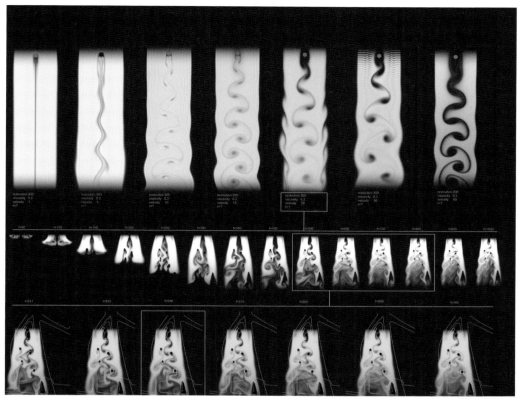

涡街形态的计算与传递

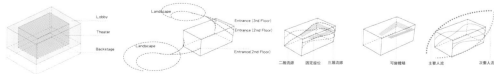

观众人流分析图（学生作业：谢杰 蒋文茜 袁佳琳）

学生：吴熠丰 龚音嘉
　　　陈诺嘉
教师：袁烽
年级：2008 级

学生作业案例之一　"折叠剧场"

　　设计以"集群职能"为设计概念，进行了自下而上的、自发的公共空间生成操作，通过这种操作将公共空间、周围城市空间和剧院之间产生了清晰的、具有逻辑性的相互关系，整个生成过程清晰明确，这是该设计最出彩的地方。从观演建筑设计方面来说，在相对不规则的形体中，做到了所有的观演空间设计都能基本满足观演功能需求。

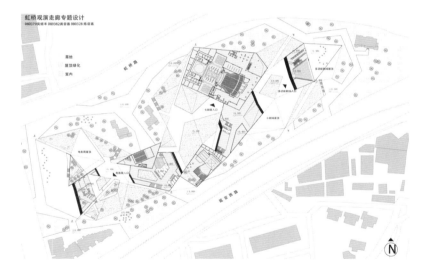

虹桥观演走廊专题设计
080179吴熠丰 080382龚音嘉 080328陈诺嘉

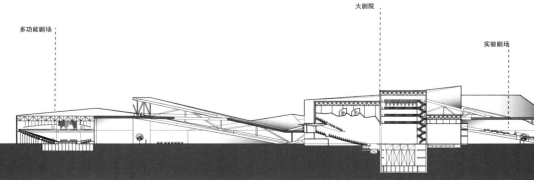

多功能剧场　　　　　　　　　　　　　　　　　大剧院　　　　　　　　　　　　　　实验剧场

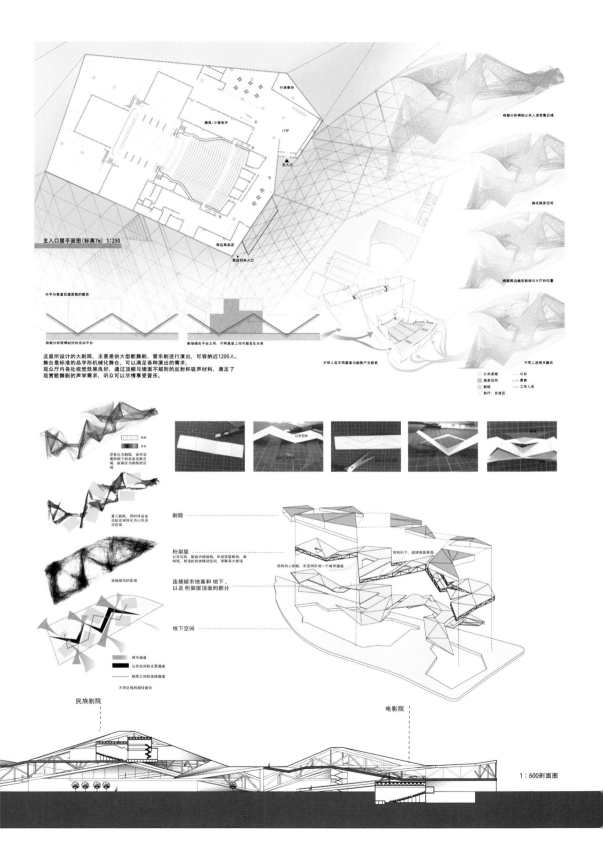

主入口层平面图(标高7m) 1:250

行李寄存

展览/小报告厅 上

门厅

主入口

周边商品店

商店对外入口

根据分析得到公共人流密集区域

确定服务空间

根据周边确定剧场与大厅的位置

水平与垂直交通流线的整合

根据分析获得隆起伏的活动平台

剧场舞台在平台之间,不同高度上均可能发生关系

不同人在不同层面与剧院产生联系

不同人流相互融合

公共流线

服务空间

剧院

餐厅、交流区

公众

贵宾

工作人员

这里所设计的大剧院,主要是供大型歌舞剧、音乐剧进行演出,可容纳近1200人。
舞台是标准的品字形机械化舞台,可以满足各种演出的需求。
观众厅内各处视觉效果良好,通过顶棚与墙面不规则的反射和吸声材料,满足了
观赏歌舞剧的声学需求,听众可以尽情享受音乐。

公共空间

密集区为剧院,城市双
重影响下的自发连接区
域,疏离区为剧院外区域

置入剧院,同时将自发
连接区域转化为公共活
动区域

连接城市的区域

城市通道

公共空间之间的主要通道

剧院之间的连接通道

不同区域的路径叠合

剧院

公共空间,瓣通内部结构,形成密接剧场,幽
暗馆,商场的自由穿梭空间,串联各大剧场

桁架层

连接城市地面和 地下,
以及 桁架层顶面的部分

结构向下,连接地面隆起

结构向上隆起,灰空间形成一个城市通道

地下空间

民族剧院

电影院

1:600剖面图

学生：史纪 刘浔
　　　李西蒙
教师：袁烽
年级：2010 级

学生作业案例之二　 "二元空间"

　　设计以 "极小曲面" 为原型，试图通过这种原型处理本设计题目中所包含的二元性，这种二元性表现在室内与室外，实体与虚空，具体功能与空间漫游，封闭的观演空间与开放的城市空间，目标人群与周边居民。选择极小曲面来进行回应是一种很巧妙的做法，极小曲面中从空间上来说两部分相互完全分离，但形式上两者相互交错咬合，二元之间实现相互咬合而又相互独立。从观演建筑设计方面来说，在极小曲面限定的复杂曲面形体中，观演空间的设计做到了与形式有良好契合的同时又满足了复杂的观演功能需求。

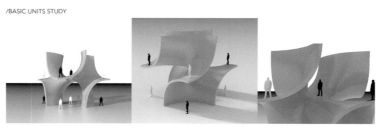

146

剖切轴测单元图解3-3 | Section Axonometric Diagram 3-3

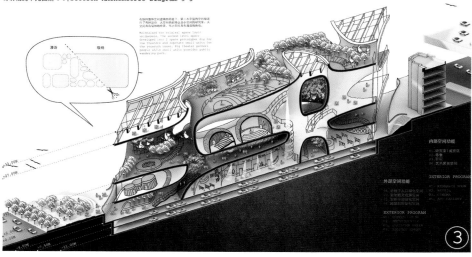

剖切轴测单元图解6-6 | Section Axonometric Diagram 6-6

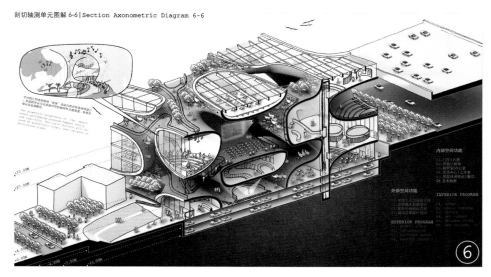

剖切轴测单元图解9-9 | Section Axonometric Diagram 8-8

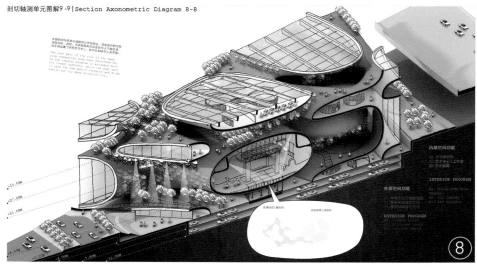

四年级

建筑学专题设计
交通建筑

Subject Based Studio: Transportation Complex

教师：魏崴 徐洪涛
年级：四年级上学期
课时：9 周，每周 8
课时

Teacher: WEI Wei, XU
Hongtao
Grade: Year 4
Time: 9 weeks, 8
teaching hours/
week

课题

本课题为上海轨道交通 3 号线高架站点及周边城市更新。上海轨道交通线网至今已开通运营 12 条线路、291 座车站，运营里程达 439.1km。近期及远期规划则分别达到 510km 和 970km。截至 2013 年 1 月 1 日，上海轨道交通通车的总长超过 400km，位居世界第三，居首尔、北京之后。

上海轨道交通的快速发展为人们的出行带来快捷和便利，人们的日常生活与轨道交通特别是与轨道交通站点密切相关。上海早期轨道交通站点设计及其周边地段的城市设计还存在许多诸如公共交通换乘、机动车和非机动车接驳、引导标示系统的设置、商业联动开发、城市空间品质、环境景观等一系列值得我们去思考和研究的问题。

课题旨在通过轨道交通高架车站设计及大运量公交系统对区域城市环境的影响，学习并了解交通建筑的设计原则和基本设计方法。

目标

本次课题以上海轨道交通 3 号线高架站点为研究对象，重点研究轨道交通站点设计及衔接周边地区的城市设计问题。学生每 2 人一组，要求在前期调查研究的基础上，在市中心区范围内选择一个有特点的轨道交通站点，对车站站房及其周边环境进行更新设计。

首先，以轨道交通站点建筑设计为核心，梳理区域交通组织问题；然后，以"TOD" "城市触媒"理论为基础，了解学习轨道交通在区域城市环境品质改善和提升方面的作用；最后，通过高架车站站房更新设计，初步掌握轨道交通车站设计原理及大跨度建筑的设计方法。

教学要求：了解并掌握轨道交通建筑设计的基本规律与特点；培养学生发现问题、研究问题、解决问题的能力；学习城市设计的基本知识。

148

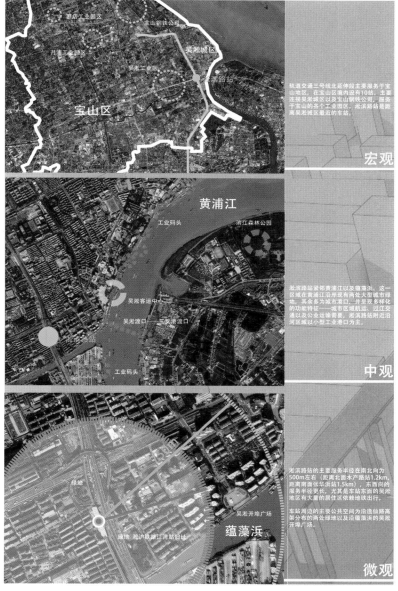

軌道交通三号线北延伸段主要服务于宝山地区，在宝山区境内设有10站。主要连接吴淞城区以及宝山钢铁公司，服务于宝山的各个工业园区。淞滨路站是距离吴淞城区最近的车站。

宏观

淞滨路站紧邻黄浦江以及蕴藻浜。这一区域在黄浦江沿岸现有两处大型城市绿地，其余多为城市港口，并显现多样化的功能特征——城市区域航运、过江交通以及公业运输需要，淞滨路站附近沿河区域以小型工业港口为主。

中观

淞滨路站的主要服务半径在南北向为500m左右（距离北面水产路站1.2km，距离南面张华浜站1.5km），东西向的服务半径更长，尤其是车站东面的吴淞地区有大量的居住区依赖地铁出行。车站周边的主要公共空间为沿逸仙路高架分布的两处绿地以及沿蕴藻浜的吴淞开埠广场。

微观

基地条件分析（学生作业：陆一栋 刘一敬）

149

手段与过程

第 1 周：介绍课题，学生选题、分组。

第 2 周：专题讲课，轨道交通建筑设计原理、相关技术规范及案例。调查研究，每两人一组调查分析轨道交通 3 号线中的 3~4 个站点及其周边地段环境现状。

第 3 周：选择一个有特点的轨道交通站点及周边城市现状深入研究，提出问题及下一步发展的构思，专题讲课"大跨度建筑的结构表现"，汇报初步调研成果。

第 4 周：设计讨论区域城市设计研究、工作模型。

第 5 周：设计讨论高架站单体建筑设计，汇报讲评成果要求 3D 区域城市设计草图及工作模型。

第 6 周：设计讨论单体建筑设计、工作模型。

第 7~9 周 ：深化并完成设计，成果包括设计理念，设计分析，所有平、立、剖面图，A1 图纸，手工模型。

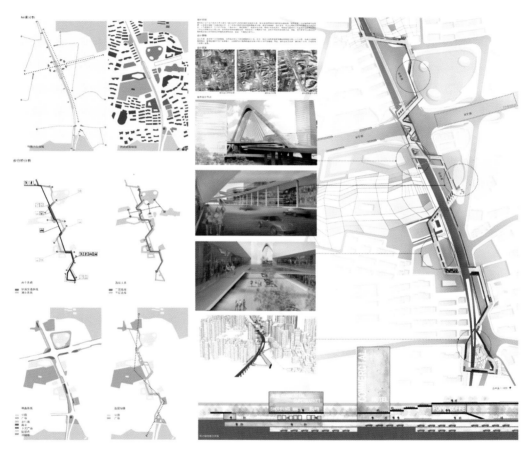

城市设计研究（学生作业：柯心然 吴晓飞）

学生：陆一栋 刘一敬
教师：魏崴 徐洪涛
年级：2010 级

学生作业案例之一 "交互"

方案以理性的分析准确定位轻轨站于区域的作用及相互影响关系，基于城市环境的诉求，形成并建立本地轨道交通淞滨路站的设计对策：清晰的人车分流路径、多元化社区服务，交通与城市环境和谐交互。方案最具特点的是构想了一条穿越轨道交通站点并连接本地居民点、休憩空间、跨越城市主干道路的空中自行车道，便捷而高效，较好地体现了新时期交通建筑立体化、多元化的高度适应性特征。

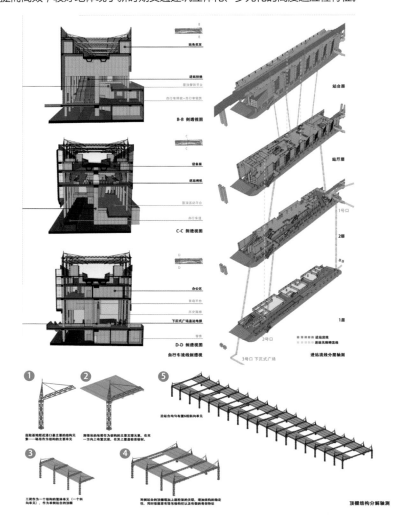

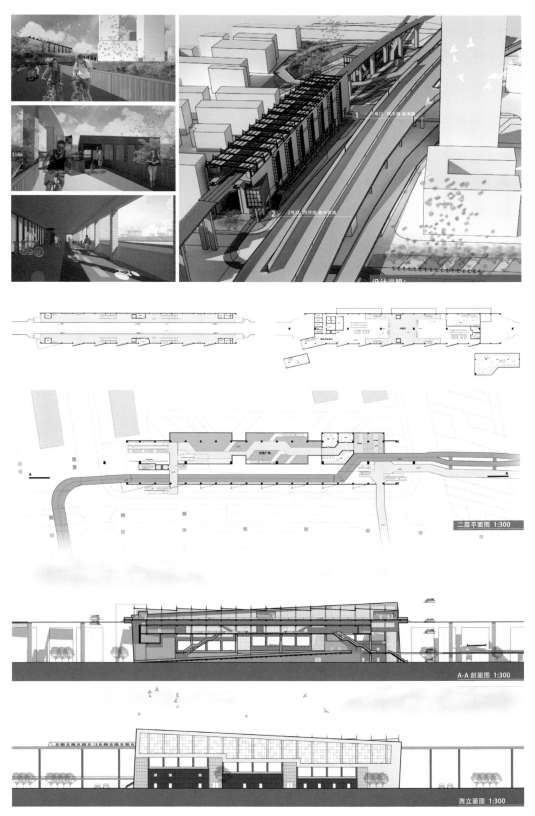

二层平面图 1:300

A-A 剖面图 1:300

西立面图 1:300

153

学生：柯心然 吴晓飞
教师：魏崴 徐洪涛
年级：2010 级

学生作业案例之二 "都市漫步"

上海轨道交通 3 号线中山公园站高架站位特色显著，服务与周边步行圈内的商业、办公、居住、学校等多业态环境，同时十字路口的高架车站也成为城市区域景观环境的焦点。本方案试图通过桥梁式结构造型，彰显车站的个性，并大胆设想建立区域高架步行体系，将分布于车站周边的各类不同业态的场所空间有机整合并串联于步行系统之中。方案设计构想有趣，路径清晰有效，吻合现代城市的交通整合与组织理念。

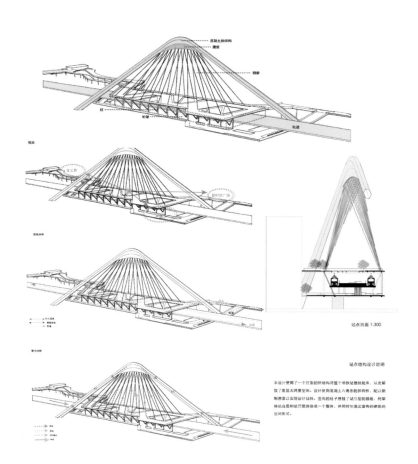

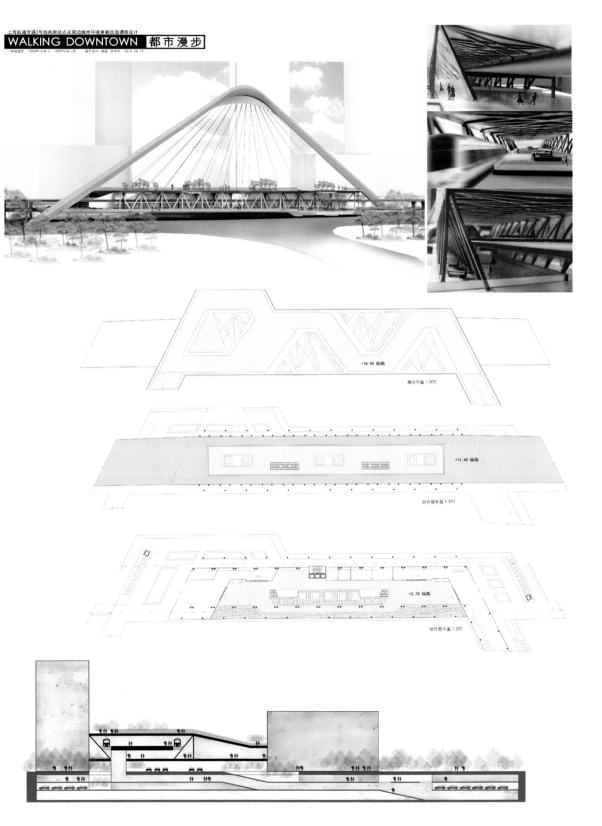

四年级

建筑学专题设计
同济大学建筑与城市规划学院 B 楼综合整治设计

Subject Based Studio: Environmental Renovation of CAUP Building B

教师：李斌 李华
年级：四年级上学期
课时：9 周，每周 8
　　　课时

Teacher: LI Bin, LI Hua
Grade: Year 4, autumn
Time: 9 weeks, 8
　　　teaching hours/
　　　week

课题

　　课题基地即同济大学建筑与城市规划学院的 ABCD 广场及 B 楼。任务要求学生以环境行为学的理论为基础，通过对同济建筑城规学院教学楼的日常使用过程进行实地调研并分析其结果，对 ABCD 广场的室外环境进行整体规划，并对 B 楼的内部空间进行综合整治设计（含与其他教学楼的连接部分）。本课题从 2009 年开始已经进行了六届。

目标

　　作为高年级学生的设计课程，希望学生能够在提高形态、空间、功能等基本设计能力的同时，训练在复杂条件下，通过调研，发现并分析空间使用中问题的能力；培养用建筑设计的方法应对多种矛盾的能力；培养基于人与环境关系的综合的、动态的设计思想，最终强化对设计过程及设计理念生成方法的理解，以适应今后建筑设计进入存量优化阶段的新形势。

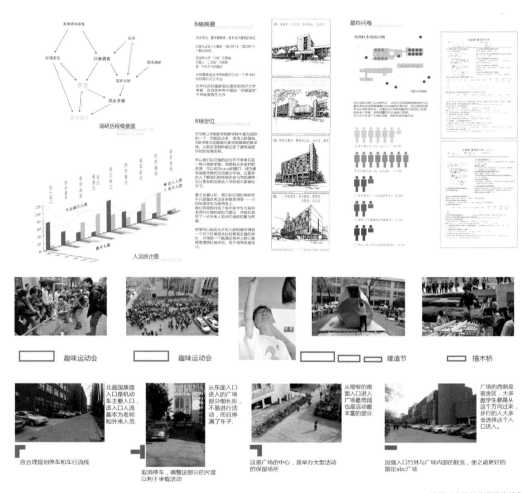

課程以大量行為調研為特色
（學生作業：張譜 包宇）

趣味運動會   趣味運動會   建造節   搭木橋

應合理規劃停車和車行流線

取消停車，調整這部分的尺度以利於承載活動

這是廣場的中心，是舉辦大型活動的保留場所

加強入口竹林與廣場內部的聯系，使之能更好的限定abc廣場

公共空間設想
Envisage of Public Space

在複雜條件下，通過調研發現并分析空間使用中的問題
（學生作業：張譜 包宇）

手段

　　学生每两人分为一组，整个课程按照"调研→分析→整治设计"的过程推进，让学生根据实地调研的结果得出设计理念，自行设定小组的任务书，最终完成设计。这种整体性训练是在低年级的课程设计中所欠缺的。

　　B 楼的整治设计不同于一般的建筑改造课题，因为学生既是设计者，同时又是使用者，因此需要学生在充分挖掘并了解 B 楼的特点，在此基础上从下列 3 个方面进行思考，对其未来进行定位：

　　建筑本体方面：B 楼建造于 20 世纪 80 年代，之后经过了多次的局部改建，形成了非常有特点的建筑造型与空间构成；

　　精神性方面：B 楼长期以来作为建筑城规学院的核心建筑和标志，在学院文化与历史传承中具有重要性；

　　使用功能方面：在 B 楼中存在着教学、教务办公、行政管理、图档存阅以及对外展示等多种功能，使用者也相应地可以分为多种类型。

过程

　　教学计划将 8 周的课程分为下列 3 个阶段。前两个阶段中主要采用课堂 PPT 汇报、讨论，在课后完成调研和分析；第三阶段采用分组图纸讲评的方式进行。

　　在第一阶段 2.5 周中首先学习环境行为学的基本调研方法，并使用观察、问卷及访谈等方式对 B 楼使用情况进行调查。

　　在第二阶段 1.5 周中对之前的调研结果进行综合分析，发现 B 楼目前在使用过程中的问题点。通过对使用者的愿景的调查，得到每个组不同的设计理念，并以此为依据制定各自的设计任务书。

　　在第三阶段 4 周中根据自己制定的任务书完成室外环境、内部空间的建筑设计以及重要节点空间的详细室内设计。

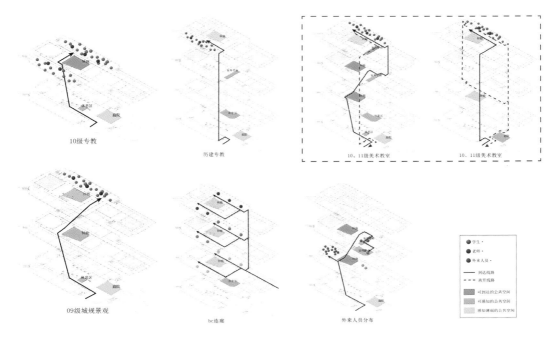

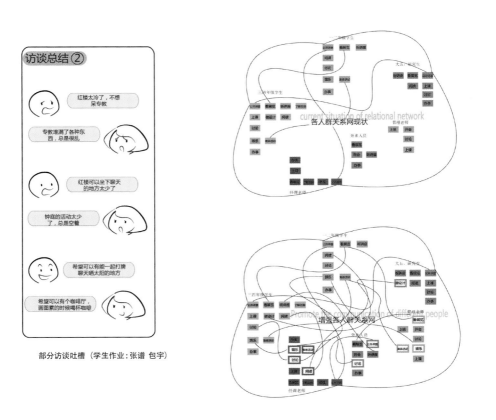

部分访谈吐槽（学生作业：张谱 包宇）

人群关系网分析图（学生作业：张谱 包宇）

学生：张谱 包宇
教师：李斌 李华
年级：2009 级

学生作业案例之一 "每一天的红楼"

该小组主要通过访谈的形式，发现 B 楼的"内部空间的感知性弱"导致日常"缺乏交流""缺少生气"等问题。通过置入便于相互感知的不同类型的空间，为各种"事件"提供场所，以促进学生间、师生间的交流，最终达到提高 B 楼空间活力的目的。设计上，在尽可能少地改变 B 楼现有建筑结构的基础上，通过灵活地设置流线来增加不同人群的相互感知；通过对专业教室的组团化改造增加了半私密、半公共等空间的层次。设计及表达的完成度非常高，而且具有一定的可实施性。

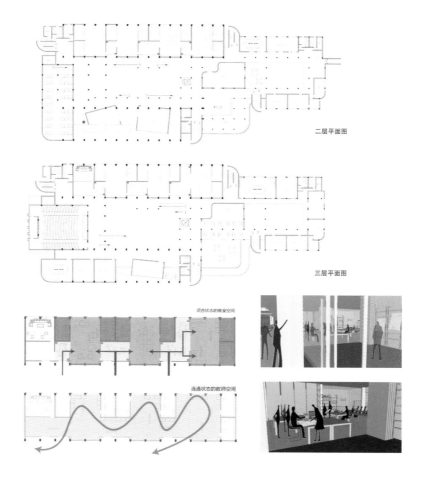

二层平面图

三层平面图

闭合状态的教室空间

连通状态的教师空间

每一天的红楼
everyday
Day 6

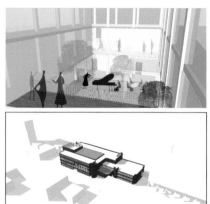

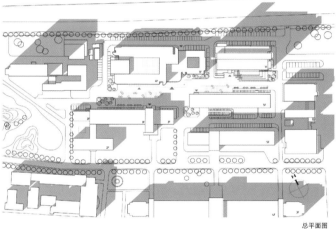

鸟瞰图

总平面图

南立面图

北立面图

学生：祁达年 博宇
教师：李斌 李华
年级：2010 级

学生作业案例之二　"明亮的盒子"

　　设计以"明亮的盒子"为主题，小组在调研过程中发现目前钟庭的日常使用活动少，导致整个教学区域冷清、缺乏活力。在对其他大学的建筑学院空间进行针对性分析之后，形成了将钟庭变为一个"明亮的盒子"的设计构思，加强钟庭的标志性并充分体现学院师生所具有的"个性"与"活力"。方案将钟庭报告厅改造成漂浮在空中的球体，并将其表面作为反射面，使分布在学院各个空间中的活动都能被反射、被感知。在整个过程中，先是用理性的思维来"发现问题→分析对策"，再通过感性的设计手法来"解决问题"，表现出两位学生的鲜明特色。

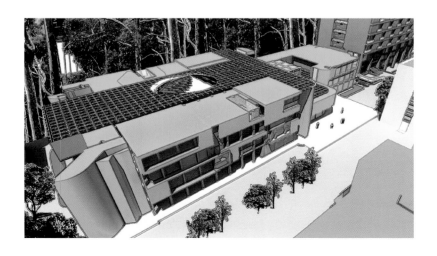

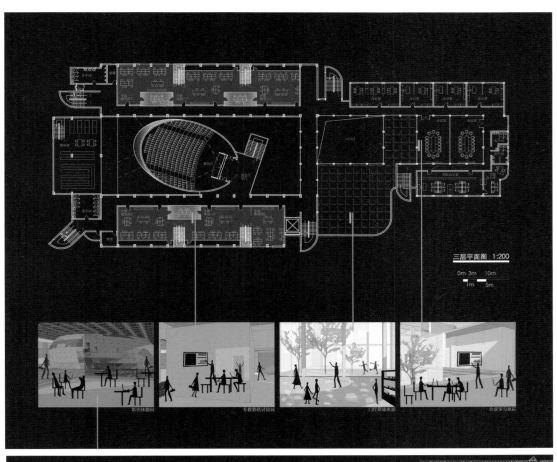

三层平面图 1:200

0m 3m 10m
1m 5m

彩色体验间　　　专教影像讨论间　　　门厅屋顶光影　　　会议室与展庁

剖面图A-A 1:200

四年级

建筑学专题设计
装配式公共建筑节能设计

Subject Based Studio: Energy Saving Design for Prefabricated Construction

教师：赵群 陈镌
年级：四年级下学期
课时：8 周，每周 8
课时

Teacher: ZHAO Qun,
CHEN Jun
Grade: Year 4, spring
Time: 8 weeks, 8
teaching hours/
week

课题

　　课程的基地选在苏州山塘街西段，有两个地块以供选择，地块一位于虎阜路与山塘街交界处，地块二位于山塘街普济桥东北侧的空地，即木兰亭和烟水亭之间，基地面积均约 3 000m²。设计任务是建造一座社区中心，总建筑面积 1 500~1 800m²，层数不超过 2 层，限高 10m，对容积率和绿化率不做硬性规定。课题的任务需要结合当地历史人文环境，处理好社区中心与当地山塘传统建筑群落的关系，协调好新老建筑之间的风格和形式。利用装配式建筑和节能设计的概念方法尝试社区中心的设计和建设，为老建筑、特别是历史文化名城的恢复重建和可持续发展寻求解决途径。

目标

　　本课题的主要目的是培养学生熟悉装配式建筑和节能设计的方法以及技术手段应用，同时熟悉相关节能软件的使用，掌握如何采用可行的细部构造方法。从而进一步强化学生对技术知识的把握和综合驾驭能力，培养其将技术理论知识转化为设计构思的创新能力，探索建筑与设计创新的途径和方法；从实践的角度强化学生方案深化能力，强调建造与实践的可行性。

本方案为社区活动中心设计，基地坐落于苏州市山塘街。
山塘街是苏州历史文化名街，周围有很多历史遗迹。

七里山塘：

山塘街始建于公元825年，是唐朝时白居易担任苏州刺史时疏通山塘河而兴建，自此，兼具交通旅游双重功能的山塘街就横亘在市区和虎丘之间了。整个街道呈河路并行的格局，建筑精致典雅、粉墙黛瓦、体量协调、疏朗有致，是苏州古城风貌精华之所在。山塘街在明清时期就是我国名胜古迹最密集、门类最多的街区。直至今日，山塘街仍是苏州古迹最多的街区，拥有全国重点文物保护单位1处，省级文物保护单位2处，市级文物保护单位5处。

清代画家徐扬所绘《姑苏繁华图》中山塘街景

基地条件分析（学生作业：陶思远 魏天意）

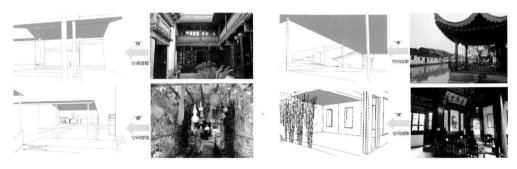

历史文脉分析（学生作业：张天祺 常家宝）

手段

　　课程训练以节能和装配式技术运用为导向，从建筑环境调节、建造方法、围护结构等建筑技术知识的应用训练入手，对设计课题进行了阶段分解，分别进行：①顺应气候的总体布局和建筑体量；②科学有效的空间组织；③特定节能效用的建筑构件和节点构造的设计。从而把节能设计概念和方法贯彻在建筑的本体问题（即空间、形体和建造）中，运用相关建筑性能模拟软件进行优化、推进，结合合理的装配式体系探讨建造和实践的可行性。在此过程中，强调设计的综合性，综合考虑有形与无形的影响因素，在多重现实约束中寻求有限空间的设计自由。而强化技术的全程介入，使得设计具有良好的完整性和深度，最终让学生明白将技术与设计进行整合的必要性和必然性。

过程

　　17 周的课程学习分为三个阶段进行：①场地认知和总体布局（4 周），②空间生成与建构（8 周），③空间围护与界面（5 周）。三个设计阶段是连续的、逐步递进的，每个阶段都要考虑技术的应用和落实，根据前期调研分析或已有成果确定主导控制因素，其他方面作为影响因素进行设计，借助图解和模型演练、建筑性能软件模拟将方案进行深入优化。"阶段①"针对气候进行深入研究，通过数据来确定决定性因素，结合当地的传统文化环境和建筑特点提取设计概念，落实形式和布局的多种思路，综合考虑建筑体量、功能布局与建筑环境的营造，充分利用气候资源并将自然环境对建筑的不利影响减少到最小。"阶段②"的空间组织、功能和形态设计在常规基础上增加人、建筑、气候的关系处理，将被动式节能设计策略融合到空间生成中去，空间处理不仅要创造丰富的内部空间组合形式，还应该起到气候缓冲及环境调节作用。"阶段③"加强建构体系和构件选择的训练，结构的逻辑性表达、材料特性潜能的发挥以及搭接方式均与实际建造条件和室内外气候的交互影响发生关联，诱导构造节点的创新性设计，并将细部设计与设计策略关联。各阶段除面对面的教师辅导形式的教学外，还穿插相关的专题讲座与参观，各阶段均强调整合设计，要求从建筑系统之间的整合递进到设计过程中的整合，从而在相分离的建筑设计要素和完整的设计思想之间建立很好的联系，把客观的技术性和主观的诗意性结合起来。

瓦墙——融合地域性的整体遮阳设计

采光遮阳整体设计

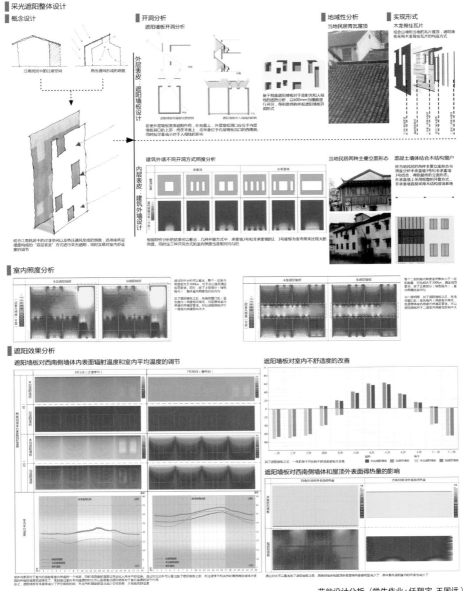

概念设计 　**开洞分析** 　**地域性分析** 　**实现形式**

室内照度分析

遮阳效果分析

遮阳墙板对西南侧墙体内表面辐射温度和室内平均温度的调节　遮阳墙板对室内不舒适度的改善

遮阳墙板对西南侧墙体和屋顶外表面得热量的影响

节能设计分析（学生作业：任翔宇　王国远）

学生：任翔宇　王国远
教师：赵群　陈镌
年级：2010 级

学生作业案例之一　"间隔"

　　设计以"间隔"为题，功能上以商业化运作的艺术工作坊、文化培训、图书馆、社区餐厅来凝聚社区活力。以江南园林的游览感受入手，引入片墙，有意识地将动线设计得比较绕；同时办事大厅和茶室周匝有水，原型出自园林中的水榭。选择的基地内部原始风环境并不理想，因此通过围墙上的适当开口、单体的合理布局以及结合庭院的方法来引导自然风顺利通过基地内部，东北角建筑的底层架空，也有利于基地内部的通风，建筑内部主要采用热压通风来解决自然通风问题。家具与建筑一体化的设计不仅隐藏了内部凸出墙体的拔风井，而且切实表现了使用者对于空间的利用。对于建筑遮阳，结合江南民居中过渡空间的概念，使用两层墙面组成的"双层表皮"进行遮阳，同时实现对室内舒适度的调节。装配方式选择了与建筑空间相吻合的现浇剪力墙体系和木板墙。整体完成度较高，而且 1:10 节点模型较为细致，与设计本身结合得很好。

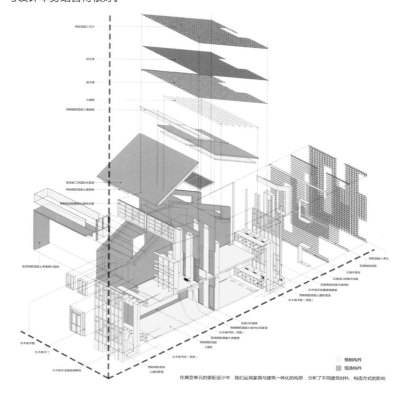

在典型单元的装配设计中，我们运用家具与建筑一体化的构思，分析了不同建筑材料、构造方式的影响

■ 传统园林空间与细部的转换

沿主要交通流线空间透视图

各庭院透视图

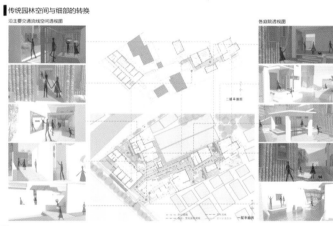

二层平面图

一层平面图

■ 典型单元日照、热量、通风分析图

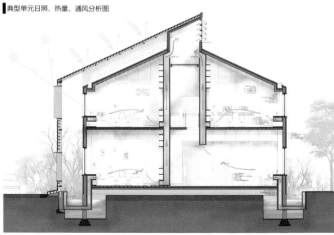

学生：张天祺 常家宝
教师：赵群 陈镌
年级：2010 级

学生作业案例之二 "场景再译"

设计围绕"再场景化·再生活化"的构思，对传统元素如廊、院、亭台等进行了再现和演绎。从沿街的社区公共院落、到中部的活动中心院落、到北侧的内院，使得空间的层次感极为丰富。左右三个体块的布置有助于整体尺度的变小，东侧两体块之间的豁口又保证了内部院落和西侧体块的室外通风效果。体块之间形成的自遮挡，减少了西晒时间，外廊和镀层山水玻璃砖立面减少了夏季过热阳光的影响。在活动室区域通过调整通风口的位置和大小来得出较适宜的通风口尺寸，用挡风板和楼面通风口来引导二层的通风，在遮阳方面则使用了两种传统元素的现代演绎形式——镀层山水玻璃砖立面和装饰竹模遮阳立面。装配方式上选择了预制混凝土承重墙体系和预制竹模 EPS 夹心保温板。由于该组同学对软件掌握得较好，因此根据软件计算进行了大量调整和优化设计工作。

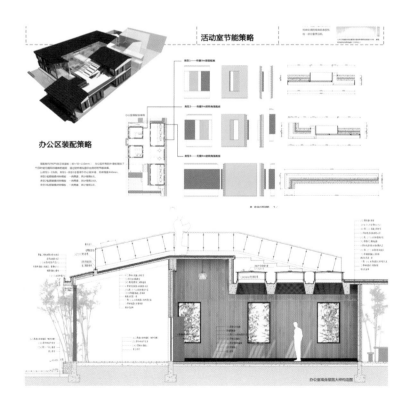

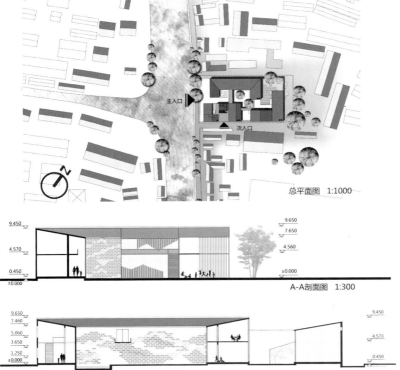

主入口

次入口

总平面图　1:1000

9.450
9.650
7.650
4.570
4.560
0.450
±0.000
±0.000

A-A剖面图　1:300

9.650
7.460
5.060
3.650
1.250
±0.000
9.450
4.570
0.450

学生：陶思远　魏天意
教师：赵群　陈镌
年级：2010 级

学生作业案例之三　　"巷·院·廊"

　　设计以露天电影剧场为核心，以作为展示空间的冷巷为主轴，纵横交错的廊道既是建筑与建筑、建筑与院落之间的灰空间，也是对苏州传统民居交通空间的学习，同时又具有遮阳和实现热压通风的效用，露天庭院使夏季主导风能够进入基地内部。立面上的木质百叶和屋顶的木格栅、马头墙形式的冷巷、走廊上的竹子小立柱、内部钢构件的红色饰面，都是对传统的诠释。装配方式上选择了钢结构体系和自保温蒸压加气预制混凝土板，这在 1:10 节点模型上表现得极为清楚。

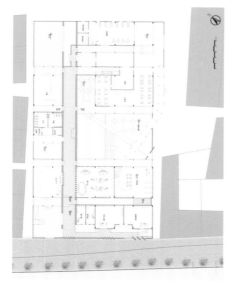 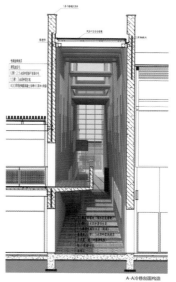

A-A冷巷剖面构造

巷·院·廊
苏州山塘老街社区中心设计

墙面阴影分析

夏至日 10:30 am

12:30 am

冬至日 10:30 am

12:30 am

hourly temperatures

outside temp.   selected zone temp.

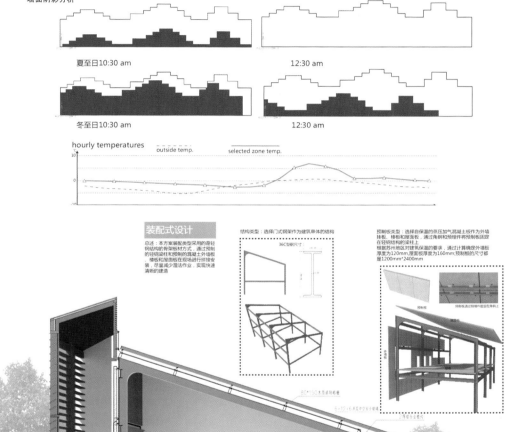

装配式设计

总述：本方案装配类型采用的是轻钢结构的骨架板材方式，通过预制的轻钢梁柱和预制的混凝土外墙板、楼板和屋面板在现场进行拼接安装，尽量减少湿法作业，实现快速清晰的建造

结构类型：选择门式钢架作为建筑单体的结构

36C型钢尺寸：

预制板类型：选择自保温的蒸压加气混凝土板作为外墙挂板、楼板和屋面板，通过角钢和预埋件将预制板固定在轻钢结构的梁柱上
根据苏州地区对建筑保温的要求，通过计算确定外墙板厚度为120mm,屋面板厚度为160mm,预制板的尺寸都是1200mm*2400mm

预制板

预制板通过预埋件固定在角钢上

历史建筑保护设计
（历史建筑保护工程专业）

Preservation and Rehabilitation Design
(Historic Architecture Conservation Program)

教师：王红军 张鹏
　　　刘刚 陆地
　　　梅青
年级：四年级上学期
课时：8 周，每周 8
　　　课时

Teacher: WANG Hongjun,
ZHANG Peng,
LIU Gang, LU Di,
MEI Qing
Grade: Year 4, autumn
Time: 8 weeks, 8
teaching hours/
week

课题

　　"保护设计"是历史建筑保护工程专业核心课程之一，设置于本科四年级上半学期，其内容是针对真实建筑遗产的保护与再生设计。在建筑学基础课程中，学生已经接触到了一些历史街区环境中的设计课题，对建筑设计中的历史维度有了初步认识。历史建筑保护工程专业的"保护设计"课程与建筑设计课程有相同之处，但又有所差异。总体来说，保护设计属于建筑设计的范畴，但在内容和方法上又有所区别。

目标

　　从核心内容来看，建筑遗产保护设计包括了"保护"与"再生"，前者强调持续，是在价值认知的基础上，采取合适策略，对建筑遗产物质本体进行有选择的保存和修缮；后者强调适应，将遗产置入当下社会生活，使其纳入新的功能，实现遗产的活化与再生。而贯穿两者的是对遗产价值的认知与呈现，这是保护设计的核心，相应理念、策略、技术手段都以此为依据。

　　在操作方法层面，保护设计具有专业性与综合性。这在专业培养计划中已经有所体现。保护设计课程设在本科四年级第一学期，此时学生的建筑学基础训练以及"历史建筑保护概论""材料病理学""保护技术""历史建筑形制与工艺"等专业核心课程已基本完成。保护设计本身也是一个整合的过程，面对具体而复杂的建筑遗产及其环境信息，需要学生在掌握相关专业知识的基础上，融会贯通，并在设计中进行统合运用。

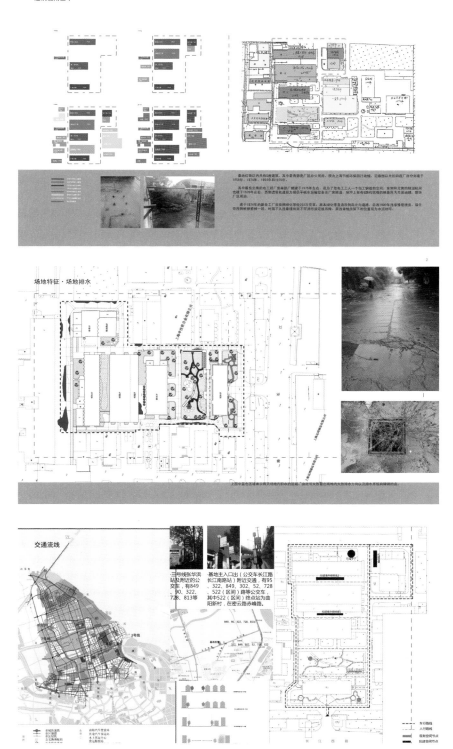

教学步骤 1：历史沿革分析（学生作业：彭智凯 李旸 娄银川）

手段

    建筑遗产保护与再生设计有一个从"认知"到"判断",从"概念"到"手段"的过程,首先使学生对建筑遗产物质本体有所认知,并将其置于一定的时代和社会背景中进行阅读,进而对建筑的价值进行综合分析判断,在此基础上提出保护与再生设计的概念构想,并在技术深化设计阶段寻找适当的技术手段以实现其构想。我们针对保护设计的一系列过程,在教学计划中安排了"信息采集""价值解析""保护与再生概念"以及"技术深化"四个教学单元。

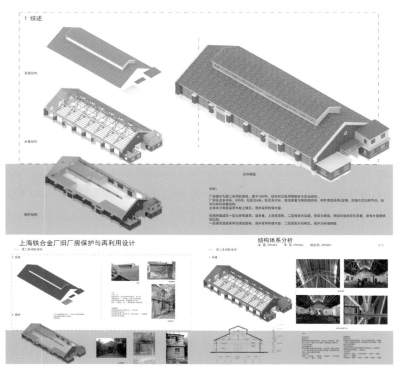

教学步骤 2:结构体系分析(学生作业:吴霜 李雪 杨奕娇)

材料分析

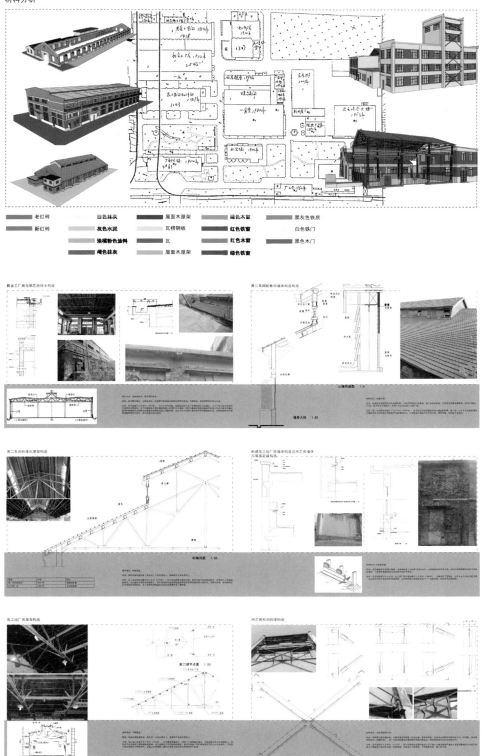

教学步骤 3：材料与结构分析（学生作业：杜微琳 门畅 周心唯 王凌霄 张远江 ）

过程

　　课程前两周为建筑信息采集单元。信息采集包括对建筑遗产及其关联领域的整体调研、对建筑实物的测绘和对建筑部件现状信息的深入了解这三个层面的工作。最终结合历史图纸和相关文献资料，形成调研报告，一般会包含历史沿革、结构体系、材料与构造、病理特征以及价值评估等内容。信息采集单元有助于同学全面认识建筑的价值，作为其后设计思路确立的前提。由于课程时间有限，这部分工作需要学生利用一定课余时间完成。

　　课程第三周为价值解析单元。与传统的设计授课有所不同，此单元以学生分组发言并激发课堂讨论为主要教学形式。建筑价值体系的开放性和多元性决定了价值讨论的目的不是形成共识或某一特定答案，而是通过课堂讨论，打开对保护对象的特征要素和核心价值认识的思路。在此基础上，希望学生进一步思考建筑特征要素与核心价值的呈现方式，即对历史文化的诠释方式问题。这也是保护设计概念产生的开始。

　　进入设计单元后，授课一般会采用一对一辅导的方式，明确设计概念和深化方向，在设计概念形成的过程中，注意引导学生同步思考建筑遗产保护的技术逻辑。

　　技术深化设计单元教学是保护设计的重点。首先是一些基本结构处理思路，例如新旧基础的关系、建筑加固和加建的基本结构体系等，重点在于理解其逻辑并反映在设计构思过程中；其次是保护设计中的一些关键构造做法，例如墙体保温、新旧部位搭接构造等；最后是对历史建筑材料的特性和基本修缮技术手段有所了解，使学生将在"材料病理学""保护技术"等课程上学到的知识与实践操作相结合。此单元会邀请土木学院教师进行专题讲解，并利用学院历史建筑保护实验室的实验条件，对建筑材料进行试验分析。

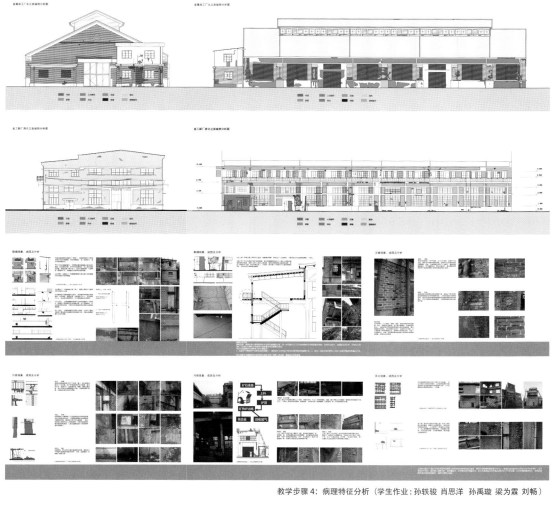

教学步骤 4：病理特征分析（学生作业：孙轶骏 肖思洋 孙禹璇 梁为霖 刘畅）

美学价值

美学科学

功能介绍

教学步骤 5：价值评估分析（学生作业：潘礼元 陆佳咏 刘冬冬）

学生： 门畅 孙轶骏
　　　 肖思洋
教师： 王红军 张鹏
　　　 梅青
年级： 2009 级

学生作业案例 "工业遗产的保护与再生设计"

　　该课题是上海铁合金厂工业遗产的保护与再生设计。通过建筑勘查和测绘工作，设计小组初步研究了既有建筑的材料和建造体系，并进行了遗产的价值分析。小组在设计方案中引入了新的功能，并与原有空间结构之间形成了有趣的张力，产生了新的空间价值。此外，设计对于新旧建筑搭接部位的构造节点进行了设想，此部分仍有待深化。

原机修二车间厂房平面改建方案 Renovation Plan of the Building

原始建筑一层平面图 1：150 First Floor Plan of the Original Building 1:150

一层平面修缮索引 Index of the Renovation of First Floor

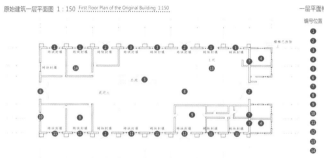

编号位置	现状分析	修缮措施
1	原加窗洞位置，现状为后期砖块填实，但是门部整理、管理等结构完好	去除外部后期添加的内隔墙、保留原始建筑模式，考虑替换墙体
2	原加门洞位置，现状为砖块/异存在	去除外部后期添加的砖块并去除整体，打开墙面，做法合理改造
3	原加窗洞位置，现状为后期砖块填实，并且结构砌流程	去除此处社会地块和墙体维护结构、将内部空间打开
4	加建部分，功能不明，无价值，并且破坏原整体墙面的完整性	拆除，订购中半个山墙进行追加修缮，对于锈迹行清洗、修理
5	原建筑内部墙体、内部现外坏水	具有历史价值，在地面墙角处理时两点式保护、加建玻璃砌块
6	原建筑主要大门之一、现为入口	保留其入口特征、以为底部为三位隐墙等等替换、墙体加固
7	加建功能房屋后期的开洞、热除后屋山墙及有空房	去除后期不建筑的墙部等墙等的交接处进行清洗、并增加加固墙体体
8	原地地面、混凝土材质	保留在原有地面铺上新加地面、使用混凝瓦力材料
9	三层凹缝覆盖吊木加建、现状结构和完无法	去除墙结构、将前山部进行打谢、将其作为二层增加入口
10	原有凸缝改窗位置	去除墙结构、将前上部份打谢、将其作为二层增加入口
11	原有窗洞位置、砖块封实、现状为砖块填实	还对新建的草坪处、将墙重抹粉，做成凸墙形式、量作内合成对于室外的围栏
12	原建筑/门位置、现状为砖块封实	将墙体打开、作为展示空间的入口、门厅厅相连接
13	建筑土坑	价值不高、在内部地面铺修缮的无需加以保护
14	原建筑历史拖靠等待修正局墙体	保留墙体、进行清洗、加固、上墙、与新的功能相配合

一层平面图 1：150 First Floor Plan 1:150

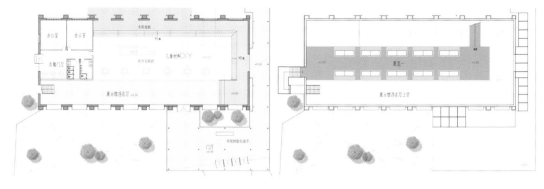

二层平面图 1：150 Second Floor Plan 1:150

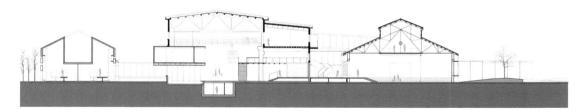

四年级

品牌服饰专卖店（室内设计方向）
Boutique Store (Interior Design Program)

教师：冯宏
年级：四年级上学期
课时：8.5 周

Teacher: FENG Hong
Grade: Year 4, autumn
Time: 8.5 weeks

课题

课程选址位于静安区南京西路南汇路转角处老建筑底层，建筑面积在 100m² 以内，层高 4m。任务要求通过对现有建筑的区域位置、空间结构、商业定位等进行调研分析，策划品牌并完成服饰专卖店店面及室内设计。本课题从 2011 年开始，至今已经尝试了 4 届。

目标

作为建筑学（室内设计方向）学生的室内设计入门课题，本课程旨在树立学生全面完整的室内设计观念，掌握相应的室内设计表达方法——从品牌文化到建筑空间、从宏观到微观，从整体到局部、从大处到细节、从功能体型到设备构造，强调室内设计的多元文化表现及空间认知感是课程的重点。

手段

课程采用调研与设计结合的形式，让学生全面了解室内设计的目的、方法和原则。其中调研部分占到 3 周的时间，学生分小组选择店铺进行空间体验和空间测量（实测和目测），对室内设计与建筑设计的关系、商店室内设计与消费行为心理的关系、店面与街道的关系、结构与造型的关系、整体与细部的关系、家具与陈设、照明与色彩、图纸表现与综合表达等进行讨论，思考并形成全面的室内设计理念。此外，要求学生将工作模型和成果模型介入室内设计阶段的空间研究和细部推敲。

过程

教学计划将 8 周半的课程分为前后两个部分。

前一部分 3 周 "空间体验与案例采集" 是一个系统性调研的阶段。学生以 2~3 人为一组，选择一家位于上海地区的品牌专卖店或旗舰店进行观察和研究，收集与设计相关的品牌形象、行为心理、商品陈列、空间模式、材料细部、光线色彩及家具陈设等，分析评估其空间品质，并整理制作成相应的文本和详细图纸，汇报并交流，由任课教师和全体学互相点评，分享调研成果并作为第一阶段评分依据。

后一部分 5 周半 "设计专题训练"，分组或个人分别完成各自的服饰专卖店店面及室内设计。室内设计除了通常建筑设计课的要求外，还有针对专卖店的规模、风格、材料、构造、照明、家具、软装陈列等各种细节磨合、整体定位和设计深度的要求。这部分主要由面对面的教师辅导形式进行，有条件时邀请校外专家和访问学者参与相应环节的讲座及点评，学生互评。第二阶段成果要求包括室内设计图纸和至少 1:30 的室内设计模型。

学生：张佳颖
教师：冯宏
年级：2010 级

学生作业案例之一

　　方案对品牌文化和设计理念做了较为细致的调查和研究，选取品牌主打的红色和白色为基调，以大小不一的圆形母题贯穿平面及顶面，使室内空间在灵动变化中保持统一，整个设计时尚，富有生气和吸引力。同时，方案以简洁的照明设计表现空间和材质之间的关系，尺度控制合理，在看似简单的细节设计中，创造了丰富的空间体验。

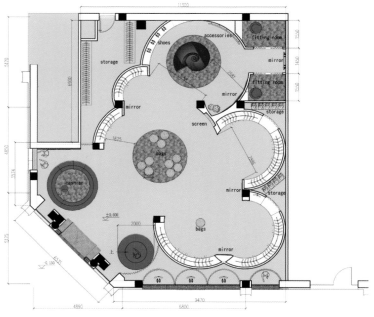

平面图

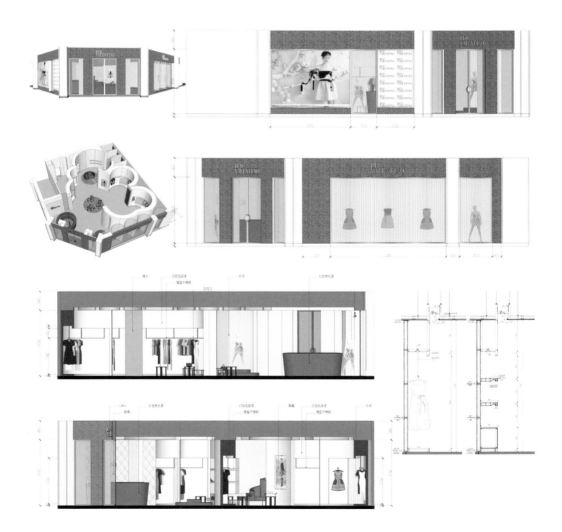

学生：王唯渊 张黎婷
　　　薛洁楠
教师：冯宏
年级：2010 级

学生作业案例之二

　　方案以缤纷的糖果色系体现女性服装柔美和温和的感觉，以几何折板的变化和延伸体现室内空间移步换景的场所特征，用形与色构成这个方案中空间关系、装饰造型、交通流线的核心元素，并将这种设计语言运用到店面装饰，给城市街道更多的趣味与活力。成功地表达了时尚、艺术与建筑与室内空间之间模糊的界限，并细心地考虑到家具、陈设、灯饰等细节处理。

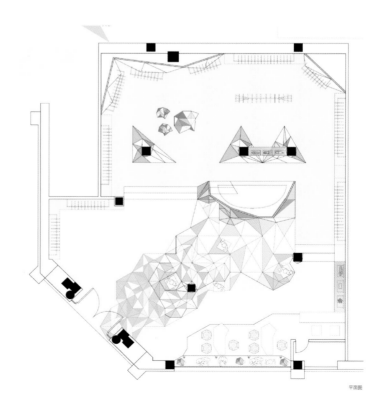

平面图

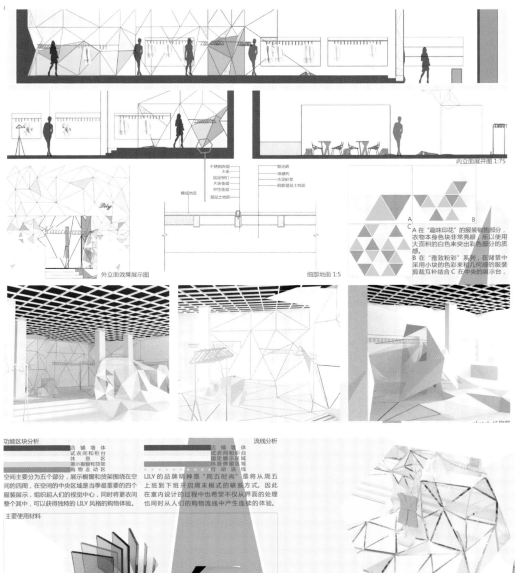

内立面展开图 1:75

不锈钢磨砂屏
木条
固定钢门
大块地砖
弹性地毯
混凝土地面

抛光砖
瓷螺钉
水泥砂浆
钢筋混凝土地面

横缝地面

细部地面 1:5

外立面效果展示图

A B

A 在"趣味印花"的服装销售部分，衣物本身角色非常亮眼，所以使用大面积的白色来突出彩色部分的质感。
B 在"雅致粉彩"系列，在背景中采用小块的色彩来和几何感的服装剪裁互补结合 C 在中央的展示台，

功能区块分析

店铺墙体
试衣间和柜台
休息区
展示橱窗和货架
购物走动区

空间主要分为五个部分，展示橱窗和货架围绕在空间的四周，在空间的中央区域是当季最重要的四个服装展示，组织起人们的视觉中心，同时将更衣间整个其中，可以获得独特的 LILY 风格的购物体验。

流线分析

店铺墙体
试衣间和柜台
固定展示区域
休息停留区域
行动流线

LILY 的品牌精神是"周五时尚"是将从周五上班到下班开启周末模式的联系方式。因此在室内设计的过程中也希望不仅从界面的处理也同时从人们的购物流线中产生连续的体验。

主要使用材料

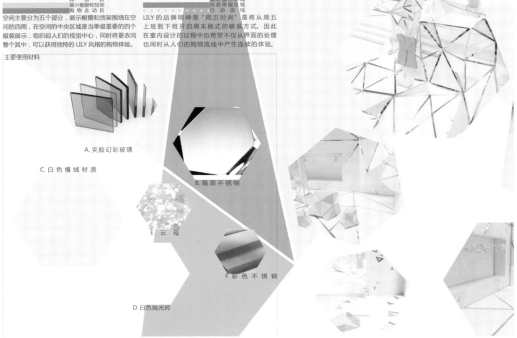

A. 夹胶幻彩玻璃

C. 白色植绒材质

B. 镜面不锈钢

E. 云母

F. 彩色不锈钢

D. 白色抛光砖

四年级

精品酒店（室内设计方向）

Boutique Hotel (Interior Design Program)

教师：阮忠 黄平
年级：四年级上学期
课时：8 周

Teacher: RUAN Zhong,
HUANG Ping
Grade: Year 4, autumn
Time: 8 weeks

课题

　　课程的基地选在无锡灵山禅修中心。该建筑的建筑面积约为 9 800m²，其中包括大堂、公共走廊、多功能厅、禅房、餐厅、茶室、客房、公共卫生间等内容。拟对所提供的设计对象定位于精品酒店进行室内设计。设计的内容主要包括：门厅大堂，"轴线 6—14" 和 "轴线 P—T" 之间的空间改建为西餐厅（面积不小于 400m²），另外还包括连接走廊。大堂部分需包括的主要功能有：接待总台、大堂休息、行李和贵重物品寄存（约 40m²）。

　　西餐厅改建部分包括两个方面：建筑平面的调整和餐厅主体部分的设计。平面调整应注意和现有建筑的关系，如和现有餐厅、茶座相互之间的流线组织，西餐厨房面积不小于 80m²。餐厅主体部分包括：长度不小于 5m 的吧台、用餐区、一定数量的服务备餐台、储藏和设备用房等内容。

目标

　　作为建筑学室内设计方向的四年级设计课程，通过本设计，要求学生掌握复杂功能的空间形态处理。学会在一定条件的制约下，运用设计元素和其它相关因素，表达项目的文化内涵和个性特征，以创造适应当代人的审美品位的、有趣的、温馨的环境。这对于学生提高对室内设计的认识和理解建筑设计深层次的要求都具有积极的意义。

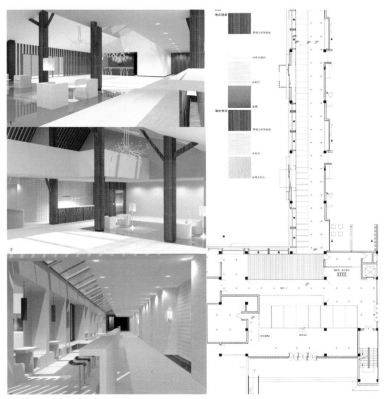

西餐厅改造设计（学生作业：潘思）

手段

以感性认知为先导，带领学生进行基地及相关类型设计项目的参观调研，提高对设计的方向和要求的认识。在设计的中期阶段，参加一次设计企业内部项目分析研讨会，对于拓展学生的思路和设计表现有极大帮助。在整个 8.5 周的教学过程中，抓住"创意""广度""深度"三个环节，"创意"即设计概念应具有一定的个性和特色；"广度"要求学生思考室内设计的效果、关注综合整体性，空间、家具、灯具和陈设等都需进行统筹考虑和设计；"深度"是要求选取能够体现设计概念的部分进行施工图深度的设计。通过这些措施，有助于学生建立正确的设计思考方式和形成有效的设计手段。

过程

课程的前 1.5 周主要用于参观和调研，组织参观包括设计基地和无锡"蜗牛坊"，同时要求学生自行参观市内两处精品酒店，并写出调研报告。要求分析案例的规模、空间特色、设计细节、材料、色彩、光环境、软装的设计以及设计元素之间的构成关系。对"蜗牛坊"的解读主要是软装方面，考察其软装的种类、整体室内设计形式与软装的关系、软装的色彩搭配与设计其他元素的色彩关系、软装的材料种类及选择、软装的整体布置原则、软装与生活方式的关联等方面。还要求学生阅读相关书籍。前两周安排讲课两次，涉及的内容包括：酒店室内设计、室内设计的形式。在调研的同时，要求学生对设计提出概念，制作空间模型作为研究的方法。课程的中间 6 周是方案深化设计。这个阶段除调整设计概念以外，主要进行的工作包括：平面设计的细化、元素的提炼、界面设计、家具的设计和选择、软装设计等研究问题。这个过程不是单向发展的，而是不断整合和协调多种因素的过程，也是学生和教师沟通最为频繁的阶段，期间针对设计的深化，还安排了有关案例分析和软装的讲课。在课程的第 8 周，主要安排设计调整和表现辅导等方面的内容。最后一次上课为公开评图。

餐厅局部效果图（学生作业：周怡）

学生：潘思
教师：阮忠 黄平
年级：2010 级

学生作业案例之一

　　该方案的整体平面布局较合理。在西餐厅的改建上，内置庭院，既改善了室内的采光，也对室内氛围的创造和空间组织形成有利条件。设计以"树木"作为塑造禅意空间的切入点，通过对"树木"不同的形体处理和变化的运用在大堂和餐厅创造了各具特色的空间效果。尤其值得一提的是，虽然在长廊处有"书屋"的概念，但方案并未使用深色材料，这样使得整个公共空间部分具有较好的整体性。在灯光设计方面，大堂曼妙的枝形灯具和立柱几何体形成良好的对比效果，餐厅的灯具和家具搭配恰当，形成了不同感觉的就餐区域，另外，立面中的装饰照明也较有特色。

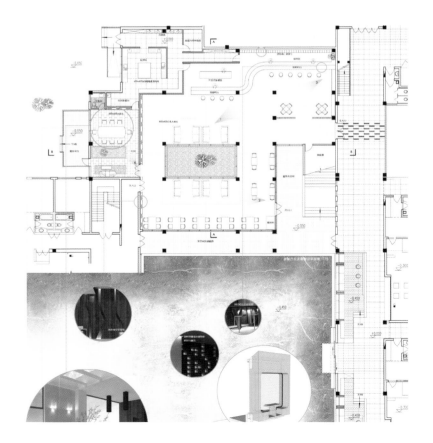

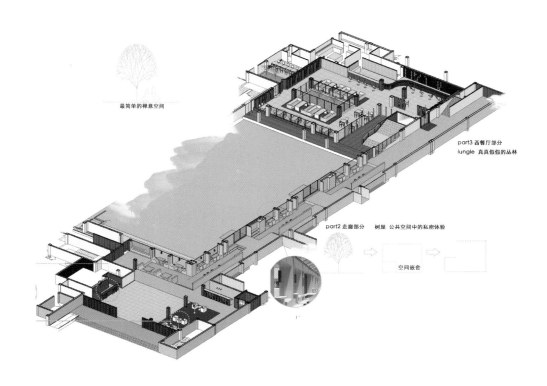

最简单的禅意空间

part3 西餐厅部分
iungle 真真假假的丛林

part2 走廊部分　树屋 公共空间中的私密体验

空间嵌套

1 2
3 4

学生：周怡
教师：阮忠 黄平
年级：2010 级

学生作业案例之二

　　此设计在西餐厅的改建中，把厨房设置于改建范围的中间靠北处，三面围合餐厅，这样就使得餐厅的景观和建筑原有的环境产生了良好的关系，用餐环境显得雅致。大堂设计语言取自江南民居。长廊设计成书吧，作为书柜的家具也是走廊的栏杆，顶面和右侧的立面处理成大体块，结合槽灯表达了它们之间的形体关系。餐厅运用了民居中的窗格元素，作用于空间之间的分割，避免了不必要的互相干扰，也使设计形成一定的地域特色和光影效果。不足之处是大堂服务台等处的立面肌理处理显得有点随意，缺乏深入推敲。

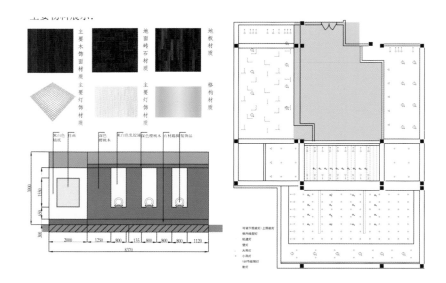

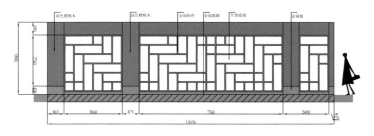

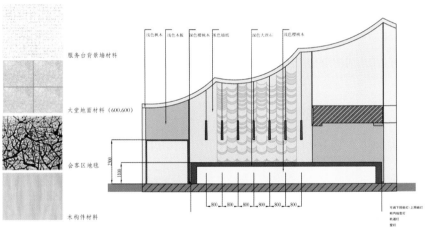

服务台背景墙材料

大堂地面材料（600.600）

会客区地毯

木构件材料

浅色枫木　浅色木板　深色樱桃木　米色墙纸　深色大理石　浅色樱桃木

2200
1100

800 800 800 800 800 800

可调下照射灯·上照射灯
柜内线型灯
轨道灯
壁灯

大堂平面布置图1：100

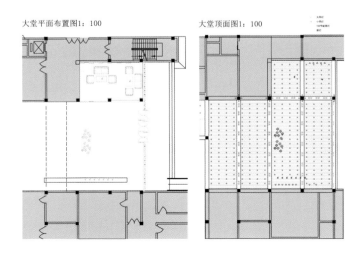

大堂顶面图1：100

毕业设计

Final Design

简述　同济大学建筑系毕业设计教改实践

Teaching Reform Practice in Graduation Design

佘寅 / 同济大学建筑与城市规划学院建筑系　副教授，毕业设计教学主管

同济大学建筑系毕业设计教学改革经历了数年的实践，已经形成了一套比较切实可行的组织形式和操作机制。本着提高教与学的积极性、激发学生的创造性思维、体现毕业设计综合性的目的，我们不断总结经验、完善体系，并将教改活动持续进行下去。

毕业设计教学工作的组织是一项繁杂的工作，一旦进行改革则更是牵一发而动全身，以下谈及的仅仅是几个关键环节的教改实践体会。

目前同济大学建筑系正进行着一系列积极而富有创造性的教学改革，从培养目标到教学理念，从课程设置到教学形式，无不发生着深刻的变化。毕业设计作为一个重要的教学环节，在新的教学大纲要求下，对传统的教学模式进行了相应的改革，其中心思想是调动一切积极因素，利用各种方式方法，最大限度地调动教与学的积极性，发掘学生的最大潜能和创造性思维，培养面向社会的复合型人才。基于这一教学理念，我们在毕业设计教学改革过程中，试图通过操作性较强的方式方法，着重落实课题选择、教学组织及质量管理这三个主要方面的教改工作，使毕业设计教学工作能够较系统而有序地纳入新的教学模式。下面就我们近年来的具体实践作一个简单的介绍。

1 步骤一：课题遴选——多元性原则

毕业设计课题的选择应基于社会的需求及学生个人的志趣这两个基本因素。毕

业设计是学生从学校向社会过渡的特殊阶段，现代社会的发展对建筑学专业人才的要求已呈多向分化的趋势，同时我们自身对"建筑学"的理解亦愈趋广义，学生个性的发挥也得到普遍重视。在社会需求及学生个人志趣的共同影响下，我们毕业设计课题的遴选打破了传统人为规定的局限，入选课题所涉及的方向是多种多样的，同时参加毕业设计的指导教师条件也不作硬性规定，凡是建筑系教师均可自带课题参与课题遴选。在多元性选题原则的引导下，课题的内容不再是单纯意义上的建筑设计，更包含了许多学科和许多专业对建筑设计提出的更多、更高的要求，也就是入选的课题在建筑领域的基本要求上，力求有不同的侧重点：涉及的专业可以是规划及城市设计，也可以是园林及环境设计；可以是高新技术与节能，也可以是室内装潢与布置；可以是历史保护，也可以是三维动画；更有跨国联合设计课题加盟。通过广泛地征集毕业设计的课题，可充分调动指导教师的积极性，发挥他们各自领域的特长，并以丰富多样的课题面向广大毕业班学生的多种选择，使学生能够有更多的机会选择自己喜欢或擅长的课题，达到教与学的有机与默契，有道是好的开端是成功的一半，而好的课题选择机制势必也会给整个毕业设计教学带来良好的环境和秩序。

2 步骤二：教学组织——互动性原则

为确保毕业设计从题目到成果这一过程的顺利进行，其中教学组织工作尤为重要，在此作为毕业设计教学改革的重要内容，我们提出了"教学组织互动性原则"。所谓互动性是指教与学的相互作用关系，即通过教学的组织形式充分体现教师、课题及学生之间的自由组合、默契配合的合作关系，达到所教即所学的目的。按以往传统的教学形式，毕业班学生分组是人为划定的，学生按平均成绩的好坏被平均搭配分组，然后由指导教师抓阄即可，这种做法尽管简单，也避免了许多麻烦，但教师没压力，学生没动力，不能很好地调动教师的积极性，也不利于发掘每一位学生的潜能，教与学在组合过程中没有沟通的机会，无法形成一种有机的配合。而改革以后的做法采取了一种更开放、更自由也更富有竞争的双向选择关系，教师可以通过自己的课题宣传和介绍招募学生参与，而学生则可以通过自己填报志愿来选择指导教师及课题，教与学双方都将付出努力以达到自己的选择目的，优胜劣汰便成为自然的结果。根据近两年来的实践情况看，这一做法在师生中产生的影响是非常显著的，尽管未能如愿的是少数，但逐渐增强的竞争氛围却给教学带来了新的生机。

3 步骤三：质量管理——规范性原则

以上所谈两点均是如何更自由、更灵活地选择课题和组织教学。我们力求创造出一种宽松实效的教学形式，但并不等于松懈教学质量管理这一根本问题，毕竟教学质量是学校办学的生命线，离开质量的保证，一切教学改革都可能是倒退。越是在宽松自由的形式下越是要健全约束的标准，因此在推进毕业设计教学改革的同时，我们也逐渐形成了比较规范的质量管理体系，并在几个基本环节上得到充分的落实。毕业设计的教学质量由系里统一督导，在学期初始有课题审核、课题选择、教学双向选择等；学期中间有中期检查、中期复查等；学期结束前有答辩预审、小组答辩、大组答辩、成绩评定等，上述质量检查工作由毕业设计质量管理工作小组进行，小组成员由系里资深教授及领导组成，担任毕业设计指导教师不得出任，以示监督机制的独立和公正。

4 步骤四：评价标准——合理性原则

新的教学体系必定需要新的评价标准进行检验，以上几个环节的教学模式成效如何，将由最终的毕业设计成果来反映，而毕业设计的答辩工作无疑是衡量这一教改成果的最重要环节。建筑学专业的毕业设计答辩采取了较为全面的大组答辩形式，即摒弃了过去小范围的少数课题组参与的形式，改为所有课题组全部参与，这样可以全面地了解毕业设计课题的类型、内容、成果等具体情况，对整个毕业设计的教学质量进行横向的比较和评价，尽管毕业答辩的工作量增加了不少，但评价的标准将更加客观和科学。另外在聘请答辩委员方面我们更关注代表性和时代性，特别邀请各大设计院、设计事务所较为活跃的创作大师指导毕业设计教改实践，提供新思路新观点新方法，为今后的毕业设计教学组织工作提供新的教改动力和教改方向。

毕业设计的成绩评定由三部分组成：①借助毕业设计成果公开展评的形式，一方面扩大了毕业设计的影响，另一方面聘请校内外专家教授进行集体成绩评定，对每一位同学的毕业设计成果进行深入细致的讨论，并形成一致的成绩意见，这一部分的成绩占比总成绩的 30%；②每位同学参与毕业设计公开答辩，并由 3~5 位评委给出平均的答辩成绩，这一部分的成绩占比总成绩的 30%；③由每位同学的毕业设计指导教师根据平时教学情况及最终成果给出每位同学的毕业设计成绩，这一部分的成绩占比总成绩的 40%。

以上构成学生毕业设计的评价标准，符合公开、公平、公正的评价原则。同时考虑到建筑学、历史建筑保护工程、室内设计等不同专业的具体特点，给出不同的评价权重分配体系，结合各专业自身的分项评价权重分配体系，共同构成成绩评价，使毕业设计的成绩评定具有可操作性。

总之，毕业设计教学工作的组织十分繁杂，一旦进行改革则更是牵一发而动全身，以上几点谈及的仅仅是其中的关键环节的教学改革实践体会，还有许多需要不断改进和值得探讨的地方，要使之形成一个完善的操作系统，还有很多的具体工作要做，尤其是通过更多的实践经验的积累才能使我们的教学改革工作日臻完善。

毕业设计

亚洲垂直城市国际竞赛

Vertical Cities Asia International Competition

教师：王桢栋
袁烽（2013）
董屹（2014）
年级：五年级或四年级
的下学期
课时：18~20 周

Teacher: WANG
Zhendong, YUAN
Feng(2013),
DONG Yi(2014)
Grade: Year 5 or 4, spring
Time: 18-20 weeks

课题

　　"亚洲垂直城市国际竞赛"由新加坡国立大学和世界未来基金会于 2011 年 1 月联合创办。每年的 20 支参赛队伍分别来自亚洲、欧洲和美洲的 10 所顶尖大学，包括：清华大学、同济大学、香港中文大学、新加坡国立大学、东京大学、戴尔夫特大学、苏黎世高等工业学校、加州大学伯克利分校、宾夕法尼亚大学和密歇根大学。这一竞赛每年都在 1km^2 的基地上展开，这片土地将提供 10 万人口居住生活并且工作。这一课题已经成为非常适合研究与探讨城市中的密度、垂直分布、家庭生活、工作、食物、生态能源、社会功能结构等话题的舞台。本课题从 2011 年开始，至今已尝试了四届，同济大学连续四年获奖，其中 2011—2012 年度为第三名，2013—2014 年度为第一名。

　　2013 年竞赛基地位于距越南河内市中心 17km 处近郊。"人人皆丰收"作为第三届的竞赛主题，旨在为全新的都市农业寻找可能的解决方案。这些方案将能持续地提供安全、丰富的食品供应源，尽可能来满足都市日常食品消耗的基本需求，甚至满足周边城市的食品需求。对于"丰收"这个概念的理解将被延伸，包括能源与水资源。

　　2014 年竞赛基地位于印度孟买半岛东部地区。"人人皆相系"作为第四届的竞赛主题，是一个远大而颇具煽动性的口号，它需要全面而综合的参与方式。"相系"可被解读为如下这些含义：与清洁的能源相系，与干净的水源相系，与新鲜的空气相系，与便捷的交通相系，与工作、学习、生活、游憩的机会相系，与社群相系，也就是说，与宜居性"相系"。

目标

　　如何整体思考这些因素，并且提出具有远见的，模范性的方案将成为对于城市与建筑设计创新中的一个挑战。这种新的城市范例将提供生活与工作所需的各种条件，其中将有过半的面积提供居住空间。竞赛要求针对可持续性、生活质量、技术创新、文脉关系、可实施性等几个方面展开完整和系统的考虑。

　　同时，作为建筑学专业的毕业设计，本课程首要目的是让学生树立更加全面、完整的建筑与城市观念，并掌握系统的以研究为基础的设计方法。对城市中各层面因素理解的完整性、全面性是课程的重点。其次，课程希望学生在展开城市设计的

教案展示 Architecture Teaching Synmopsis

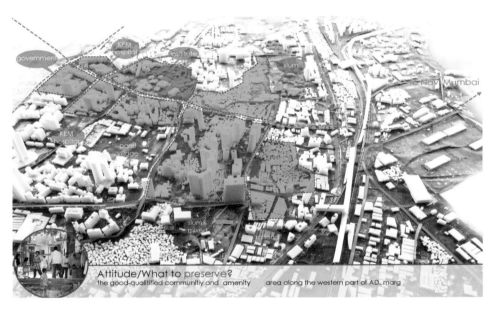

Attitude/What to preserve?
the good-qualitified communitiy and amenity   area along the western part of A.D. marg

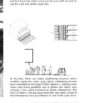

同时，思考亚洲高密度垂直城市的文脉内涵和发展契机。这一课题对于学生在建立全球视野的基础上，思考亚洲城市不同于西方规划语境下的未来发展模式，对于学生应对当代城市中高密度发展状况具有重要意义。

手段

课程采用长课题形式，通过讲座、汇报、点评结合讨论的授课形式，让学生按照"研究—调研—深化—整合—竞赛"的五个步骤完成全过程完整的课题，尤其强调在短题中较难展开的前期研究和实地调研部分的重要性。另外，由于需要赴新加坡参加竞赛决赛阶段的现场答辩，在本校毕业设计完成后，3~4周的强化表现与汇报训练也成为其他课程难以涉及的教学内容。

整个教学中对垂直城市的理论、思想、趋势以及设计的政策、策划、概念、基地、体量、功能、动线、空间、结构、造型、图纸表现、表达等因素都依次进行讨论。强调研究的长题课程可以使学生更为关注城市到建筑中从宏观到微观各层面的问题，在培养调查研究、立论、评议的综合设计能力同时，了解垂直城市的特点和未来发展趋势。

过程

为期一个学期的课程分为四个部分。第一部分（3~4周）的前期研究是一个对垂直城市相关理论系统整理及基地初步研究的阶段，此部分也会由任课教师组织专家进行针对性的讲座。第二部分（1周）的基地实地调研，课题组将会参加由竞赛主办单位和当地教学科研机构共同组织的为期1~2天的研讨和参观活动，并展开在地的调查研究工作。第三部分（10周左右）的设计深化阶段，将会按照毕业设计要求，分工合作深化设计。第四部分（3~4周）的方案整合阶段，这一阶段将会针对竞赛要求整合和深化方案，并最终赴新加坡参加竞赛的决赛阶段。课程将12名学生分为2组（由2位教师分别领衔，同时又互为合作），在整个课程中共有3次主要评图环节，分别为毕业设计中期评图，毕业设计终期评图，以及新加坡的最终答辩。

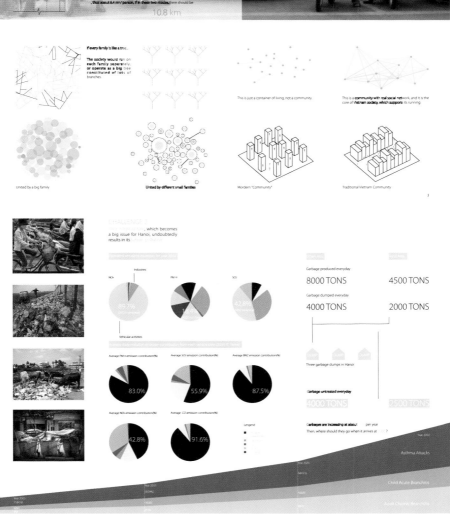

学生：文凡 陈蕊
　　　沈思韵 傅艺博
　　　薄尧 李洵
教师：王桢栋 袁烽
年级：2009级

学生作业案例之一 "紧密城市"

　　方案通过深入扎实的实地调研，全面整体的理解越南家庭结构和地域特征，提出以"亲密关系"为核心建构城市模型。在资源利用方面，通过循环系统将废弃物作为资源的应用，废弃物如何转变为能源和都市农业肥料的示范充分展现；在空间架构上，将社区空间、公共空间与高密度城市空间紧密交融；在文化传承上，通过大家庭生活场景再现，诠释越南尺度，体现亲密关系。整个设计融为一体，城市功能和建筑空间以谦逊的姿态承载了每个家庭的生活故事，在收获能源的同时也分享着爱。

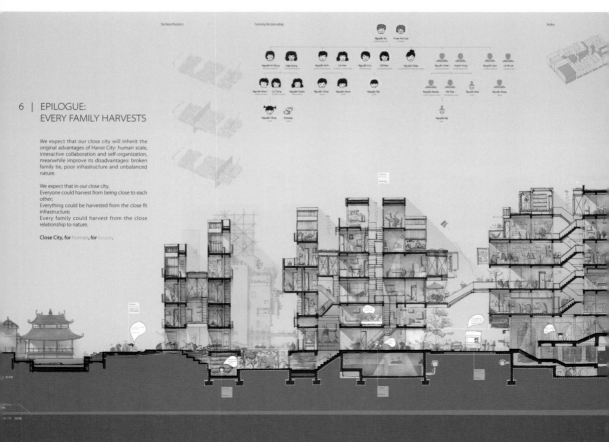

Waste Treatment Program

Waste Composition

- Organic — 60%
- Construction — 20%
- Electronic — 5%
- Metal and Wood — 12%
- Other — 3%

90000kg/d

25890kwh
Electricity
Provide 15000 people to use

30000m³
Biogas
Provide 30000 people to use

25890kwh
Bio-Cell
Provide a bike to run 258900 km

Eco-System Urban Agriculture

Urban Agriculture Program

Floor Area Composition
FAR 4.0   Total floor area 4000000m2

- 50% Housing
- 37% Infrastructure
- 13% Urban Agriculture

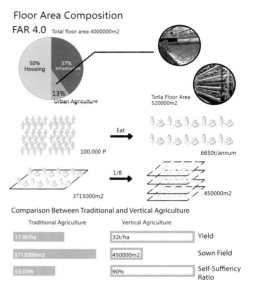

Totla Floor Area 520000m2

100,000 P → Eat → 6650t/annum

3715000m2 → 1/8 → 450000m2

Comparison Between Traditional and Vertical Agriculture

	Traditional Agriculture	Vertical Agriculture	
	17.9t/ha	32t/ha	Yield
	3715000m2	450000m2	Sown Field
	53.03%	90%	Self-Suffiency Ratio

Vertical Argriculture can provide vegetables that 100000 people need.

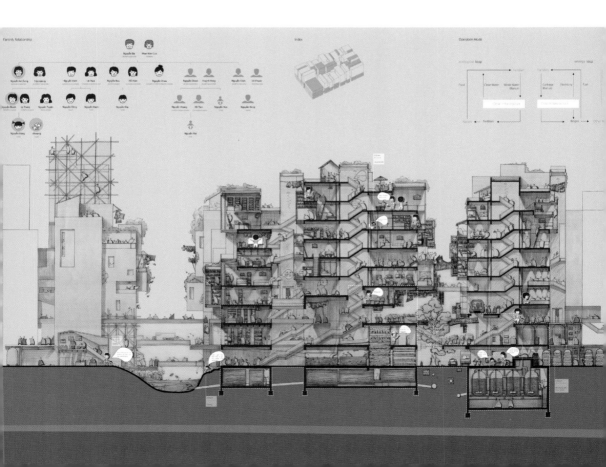

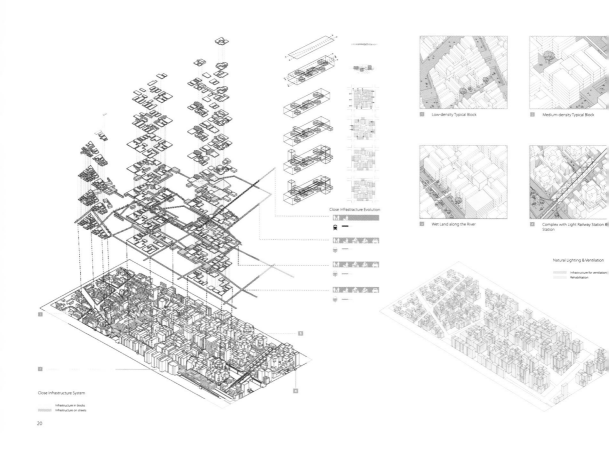

Low-density Typical Block

Medium-density Typical Block

Wet Land along the River

Complex with Light Railway Station & Station

Natural Lighting & Ventilation

Infrastructure for ventilation
Rehabilitation

Close Infrastructure Evolution

Close Infrastructure System

Infrastructure in blocks
Infrastructure on streets

20

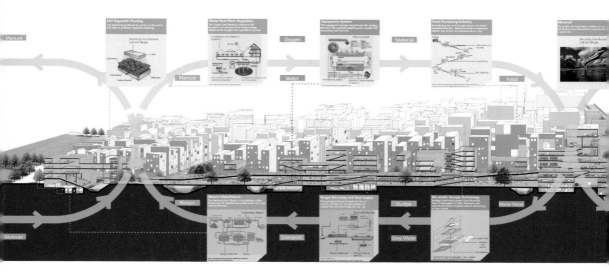

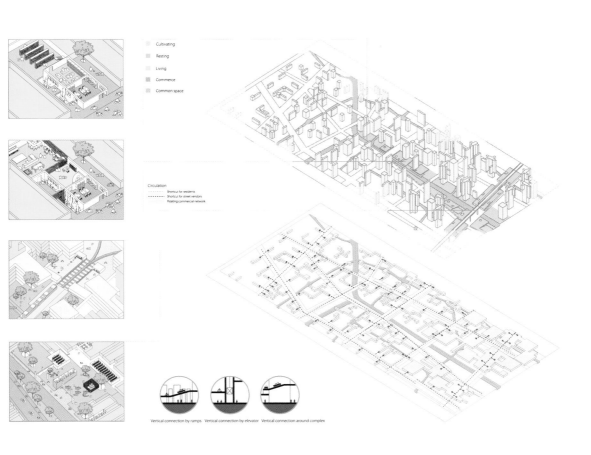

- Cultivating
- Resting
- Living
- Commerce
- Common space

Circulation
- Shortcut for residents
- Shortcut for street vendors
- Floating commercial network

Vertical connection by ramps   Vertical connection by elevator   Vertical connection around complex

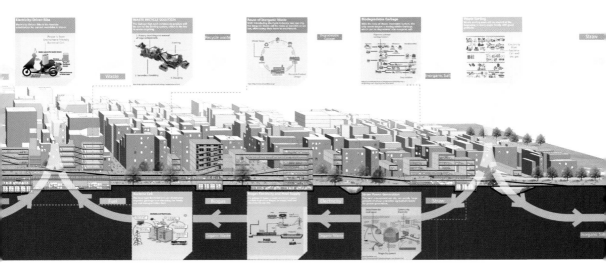

学生：陆伊昀 孙伟
　　　陈伯良 朱恒玉
　　　陈艺丹 陆垚
教师：董屹 王桢栋
年级：2010 级

学生作业案例之二 "渗透城市"

曾经的"工业城市"孟买由于其海上贸易路线上的独特地位而享誉全球，然而城市转型使其工业区包括基地所在的孟买东海岸地区失去了生产动力、城市生活和自然环境。现存的严重的环境污染，超大尺度的交通设施以及重工业工厂是阻隔该地区与城市和自然联系的三大主要因素。

在此背景下，该方案通过引入家庭式小尺度的产业结构来恢复东海岸地区与城市和自然之间的联系。首先，这一产业结构建立在基地现有的资源优势上，包括其临近沿海自然生态环境以及拥有复合的交通网络系统；其次，这一产业结构来源于孟买人熟悉的现有技艺和传统产业形式上；最后，这一产业结构是基于一个可发展的生产生活模式中，也就是说家庭不仅是社会生活的最小单元，同时也是产业生产的最小单元。家庭式产业结构由于其小单元的自主性决定了最基本的城市框架和城市发展形式，城市内其它基础设施系统围绕着其发展，并最终与其相适应。

在"渗透城市"中，无论宗教信仰、贫富尊卑，人人都享有均等的机会，都参与社会财富的创造，人人都与家庭的发展、经济的发展、社会的发展紧紧相系。城市空间真正融入并改善孟买人的生活。

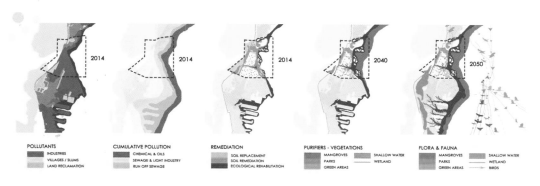

S -SCALE OSMOSIS UNITS

WORK-LIVE UNITS

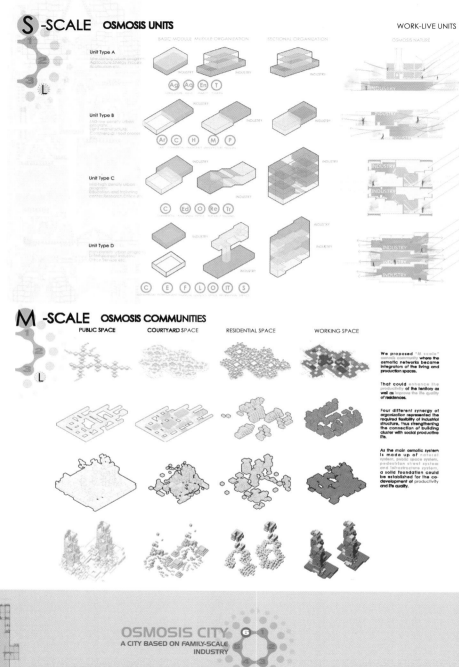

M -SCALE OSMOSIS COMMUNITIES

PUBLIC SPACE   COURTYARD SPACE   RESIDENTIAL SPACE   WORKING SPACE

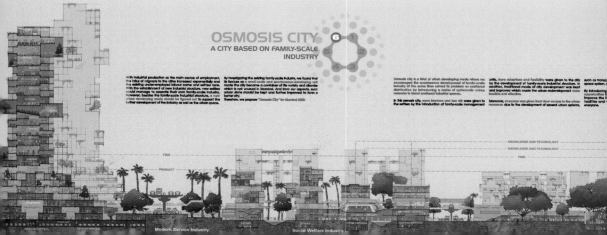

OSMOSIS CITY
A CITY BASED ON FAMILY-SCALE INDUSTRY

L-SCALE   OSMOSIS CITY

3 2 1 M

INFRASTRUCTURE ▌▌

The infrastructure system was supposed to be an urban facility system and a generator for energy production and waste management. With the development of the infrastructure systems, people were provided with opportunities to receive education and medical care, access to abundant energy and a neat and sustainable city life.

AMENITY SYSTEM
To support education and medical industry

To support education and medical industry by our social welfare network, an entire amenity system was formed including hospitals, balwadis, dispensaries, schools and other basic urban amenities. And it was accessible to almost everyone thanks to the multi-layered organization and the efficient transportation system.

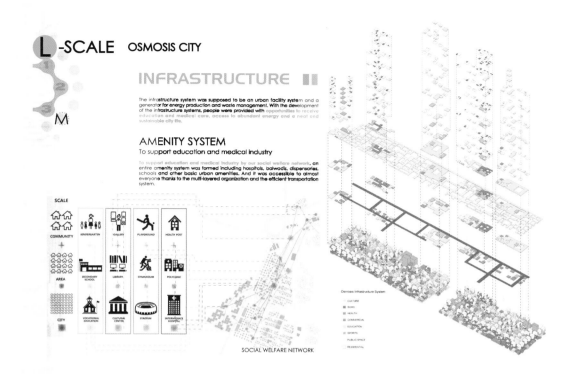

SOCIAL WELFARE NETWORK

Osmosis Infrastructure System
- CULTURE
- SOHO
- HEALTH
- COMMERCIAL
- EDUCATION
- SPORTS
- PUBLIC SPACE
- RESIDENTIAL

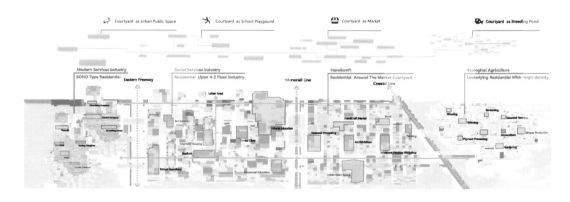

Courtyard as Urban Public Space   Courtyard as School Playgound   Courtyard as Market   Courtyard as Breeding Pond

Modern Services Industry — SOHO Type Residential   Social Services Industry — Residential Upon 4-5 Floor Industry   Handcraft — Residential Around The Market Courtyard   Ecological Agriculture — Underlying Residential With High-density

Eastern Freeway   Monorail Line   Coastal Line

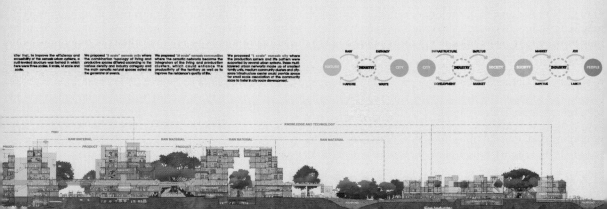

学生：何啸东　李骛
　　　程思　郑攀
　　　肖璐珩　谭杨
教师：黄一如　王桢栋
　　　董屹
年级：2010 级

学生作业案例之三　"通畅城市"

　　和"渗透城市"以产业结构为切入点不同，"通畅城市"着眼于通过梳理和改善孟买现有的城市空间以改善孟买人生活。两组的概念互为补充，相互支撑。

　　该方案希望保持原有社区的内部生活和空间完整性，通过对边界上城市系统的梳理，疏通各街区间的阻隔，加强他们和外部空间通畅的物质交换与公共生活联系。通过对于基础设施系统、交通系统、公共空间系统、绿色基础设施系统这四大系统的仔细梳理，对老城区建筑采取保留和开发两条线索并行的设计策略。

　　"通畅城市"引入印度传统文化中"空"（akasha）所蕴含的动态空间来指导城市空间建设，通过通畅的系统串联城市各部分，在延续城市文脉的同时，将城市连接为一个立体而又有机的整体。

　　该方案对于印度传统文化和孟买人的生活方式充分尊重，以一种渐进式的、可持续的城市更新方式解决孟买城市问题、改善孟买人的生活。同时，充分利用自然条件、场地地形和垂直向建筑的特点，细腻而巧妙的设计建筑空间，由浅入深、由整体到细节的、对基地进行了完整的更新设计，在技术层面上与"渗透城市"互为支撑，为孟买城市未来发展模式提供了全面而可行的建设模型。

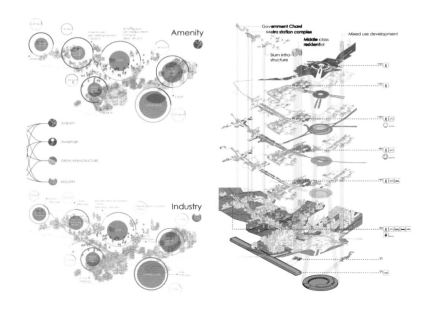

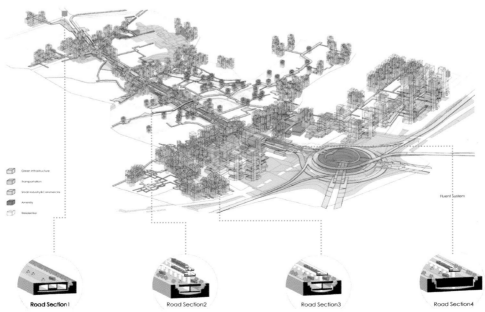

Green Infrastructure

Transportation

Small Industry&Commercials

Amenity

Residential

Fluent System

Road Section1

Road Section2

Road Section3

Road Section4

毕业设计

机器人数字建构
南京 2014 世青会游客中心

Robotic Fabrication: Tourist Center for 2014 Youth Olympic Games, Nanjing

教师：袁烽
年级：五年级上学期
课时：17 周，每周 8 课时

Teacher: YUAN Feng
Grade: Year 5, autumn
Time: 17 weeks, 8 teaching hours/week

课题

　　项目地块位于江苏省南京市建邺区"2014 年世界青年奥林匹克运动会"绿博园片区内，西北侧紧邻长江夹江江堤，可遥望长江，东南临绿博园最大的内湖，地理位置优越。设计地块位于太阳宫路与万景园路的交口处，也是世青会绿博园的核心位置。项目用地面积约 20 000m²，地块长向约 160m，短向约 140m，要求建筑面积为 10 000m² 左右，需要包含露天表演场、多功能剧场、精品酒店、餐饮、信息中心、商业、停车场和自行车租赁中心等内容，学生可以根据构思做一定调整。

目标

　　学生需通过场地调研发现问题，通过严谨的研究方法，构思一个功能复合的建筑空间，与周边的景观完美融合。要求学生在设计过程中，通过对设计场地日照、热工、能耗、通风等一系列环境性能参数的分析和采样，运用数字化设计与机器人数控加工方法，建立对建筑几何、空间功能以及环境性能的系统性思考。通过设计工具与设计方法的辩证结合，探索建筑形式生成的逻辑、建筑与景观相结合的全新可能性。设计要求学生在给定的理论研究的启发下，完成从概念到功能深化、构造和材料的解决方案、未来构想等内容。

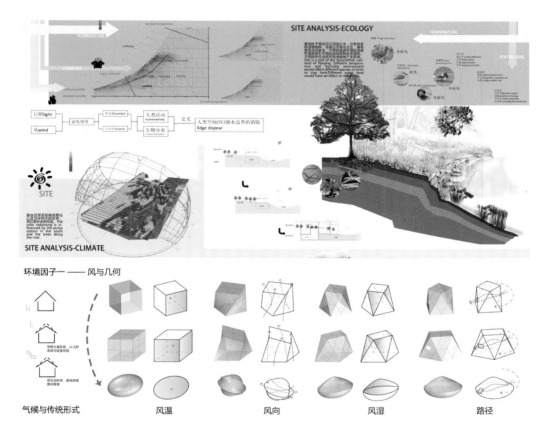

环境因子一 —— 风与几何

气候与传统形式   风温   风向   风湿   路径

手段

　　首先，学生需要从宏观方面运用 Ecotect 和 Vasari 两款软件分析场地的地理气候特征，包括城市风环境、热环境、水环境等气候因素，提取参数并按个人的设计方向运用在前期设计中，并反复使用性能分析软件对设计进行推敲优化。其次，将机器人建造作为辅助设计思考的工具。机器人的操作会作为工具包介入设计过程。最后，要求学生使用数字化变成与数字化建造的理论和方法进行创作设计，试图对前期提出的问题寻找解答方式和手段。数字建造不是用来制作模型的工具，而是辅助和激发设计灵感的手段。学生需要在设计时探索材料的性质，测试形体和空间的可能性并寻求建造手法。

过程

　　环境性能研究（2 周）：运用 Ecotect 和 Vasari 两款软件分析场地的地理气候特征，包括城市风环境（年度和季度的风速、风频、风向、湿度、温度）、热环境（日照天数、辐射量）、水环境（降雨时间、降雨量、潮汐、水位）等气候因素。

　　几何原型生形（3 周）：环境性能研究成果最终转换为几何原型，得出的成果可以为后期建筑设计的深化提供思路并用来深化。

　　方案深化（8 周）：根据前一个阶段的研究成果，在对建筑功能流线等分析的基础上对建筑方案进行深入设计，方案要能对基地所处的环境等进行积极的回应，并满足建筑的各项基本要求。

　　建造与材料（4 周）：从"纸上建筑"落实为可以建造的实体离不开对建造与材料的关注，而随着数字技术的发展，传统的技术已经不能满足建筑师对建造的要求。我们将利用 5 周左右的时间进行五轴数控机床（CNC）、机器人等先进的辅助建造的工具的学习，并利用所学知识对建筑方案进行构造设计。

数字化建造过程

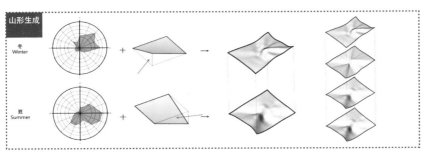

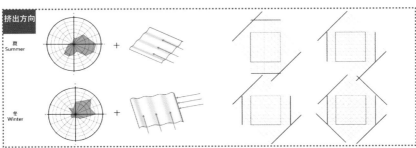

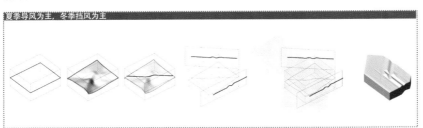

地理气候特征分析举例
（学生作业：王懿云）

学生：赵孔
教师：袁烽 孟浩 闫超
年级：2010 级

学生作业案例之一

　　设计通过风环境的适应性研究达到建筑内部产热和放热的自平衡。设计对建筑空间活跃程度的量化和风环境的转移，使建筑内部空气和季节性风自发形成对流，带走水汽和热量，以建筑景观与湿地生态相结合的方式，达到人和自然的和谐共处。在建筑生形的过程中，机器人这种工具体现出了巨大的优势，机器人依靠空间坐标系进行自动化切割和精准定位 这对于建造方式的自动化、智能化发展具有重要意义。

环境性能分析 ENVIRONMENTAL PERFORMANCE ANALYSIS

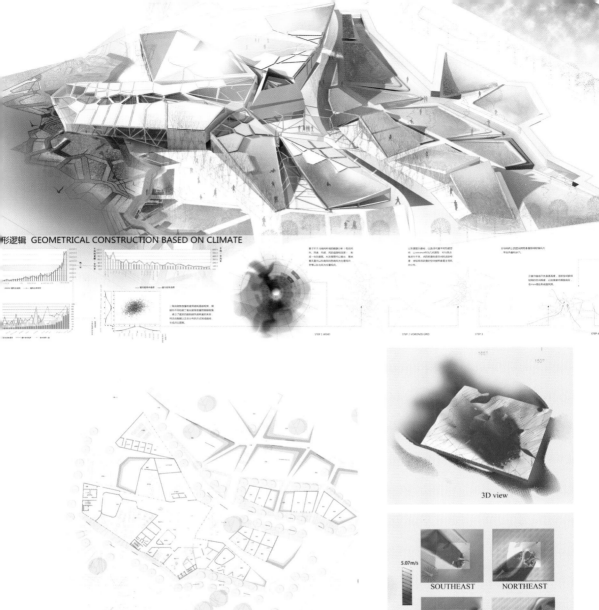

形逻辑 GEOMETRICAL CONSTRUCTION BASED ON CLIMATE

STEP 1 WIND   STEP 2 VORONOI GRID   STEP 3   STEP 4 VERT

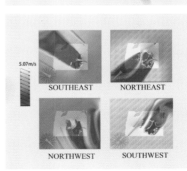

3D view

5.07m/s

SOUTHEAST   NORTHEAST

NORTHWEST   SOUTHWEST

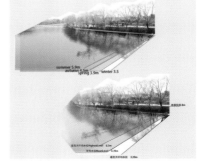

summer 5.9m
autumn 4.5m
spring 3.9m   winter 3.5

学生：王懿珏
教师：袁烽 孟浩 闫超
年级：2010 级

学生作业案例之二

  设计利用了基地良好的景观和自然地理优势，力求将建筑设计与自然融为一体，使人在其中活动时感觉不到城市的喧嚣，回归自然的平静。设计采用风场叠加的方式生成形体，回应南京的自然环境，制造一个有利于冬季挡风，夏季导风的舒适场所。机器人在设计初期帮助学生对场地的风环境进行快速的设计推敲。学生通过编程将风环境参数转化为机器人切泡沫的动作，机器人通过空间切割产生复杂形体，帮助学生进行模型体量设计的直观判断。

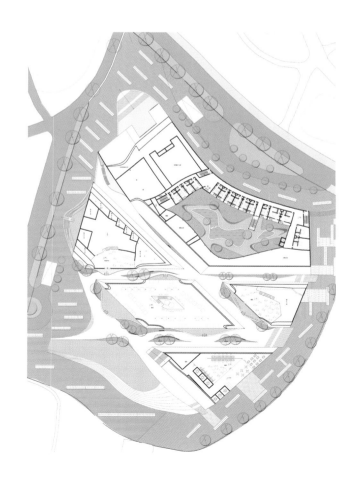

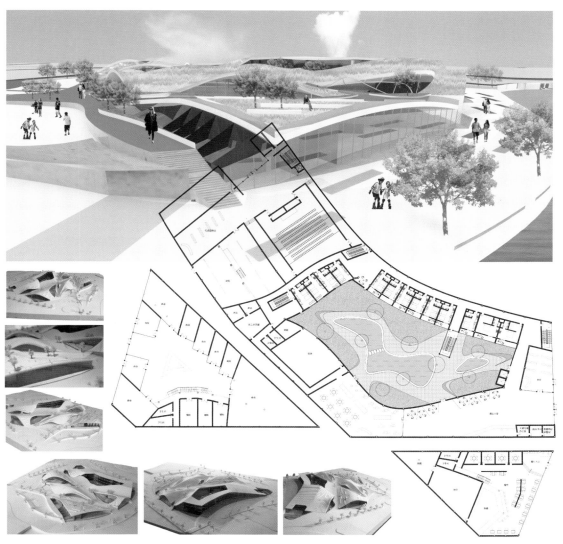

一层平面图 1：200

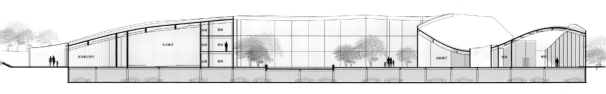

A-A 剖面图 1：:200

西立面图 1：:200

学生：罗瑞华
教师：袁烽 孟浩 闫超
年级：2010 级

学生作业案例之三

　　方案关注地表，从代表场地的等高线生形开始，对场地高差与风因子的关系进行研究，得到作为建筑边界的几何形态与场地环境的性能关系。通过 Processing 的最小路径的计算与分析，确定建筑空间范围，根据不同功能的耗能量与通风需求生成建筑形体。机器人建造包含在整个设计过程中。地形重塑使用 CNC 数控加工成模，建筑设计中也考虑到机器人建造过程对几何的控制与发展，机器人的加工手段成为建筑建造形式与结构逻辑的合理依据。

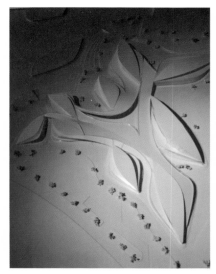

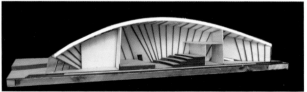

表皮
Surface

结构
Structure

功能
Function

流线
Circulation

环境因子二——Processing最小路径计算

场地
Site

环境因子三——等高线的抽象与再评

几何网格

简化最小路径过后，依据路径对等值向两侧偏移，
界定建筑边界。

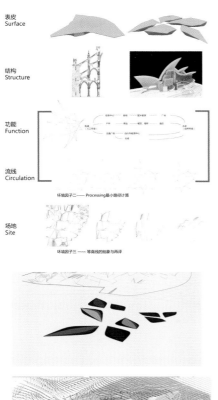

毕业设计

海口骑楼历史街区保护与再生设计
（历史建筑保护工程专业）

Preservation and Rehabilitation Design of Shophouse
Historic District in Haikou
(Historic Architecture Conservation Program)

教师：王红军
年级：四年级下学期
课时：16 周，每周
　　　8~10 课时

Teacher: WANG Hongjun
Grade: Year 5, spring
Time: 16 weeks, 8-10
teaching hours/
week

课题

2012—2013 年两届毕业设计选择了海口中山路骑楼历史街区作为设计选题。骑楼是我国南部沿海城市重要的建筑类型。作为我国目前规模最大、保存最完整的骑楼历史街区。海口骑楼历史街区面积约 20hm²，其中又以中山路为典型代表。同中国大部分城市中的历史街区一样，中山路也在城市现代化的过程中面临生存困境。课题引导学生去认识这样一个有着丰富历史积淀和复杂现状的对象，并进行保护设计思考。

目标

在毕业设计之前，学生们已经通过"保护设计"课程初步接触了遗产保护与再生设计的过程，而毕业设计除完成保护设计的基本内容之外，更为注重综合性与研究性，使对本科所学专业知识的融会贯通。

首先，毕业设计需要具有一定研究性。毕业设计教学应当使学生在单纯的设计思考之外，拓展对建筑遗产关联域的认知。通过现场调研和后续教学中的引导，启发学生对建筑遗产进行多层次地思考，提出问题，分析问题，完成专题研究和毕业论文。

其次，毕业设计的完成度和综合度更高。在 16 周时间内，毕业设计涵盖了从前期背景研究到具体技术环节的整个过程。同时，面对真实课题，学生需要面对实际问题和客观限制，综合考虑各种实际因素。

最后，毕业设计课程选题在范围上有所拓展，不仅限于单体建筑，通常会以一定范围的历史街区或传统聚落为研究对象。设计过程可分为两个阶段：前一阶段主要在宏观层面对建筑遗产的价值和生存现状进行研究，并提出相应的设计策略；后一阶段以建筑单体或组团为对象，使学生可以从微观层面，掌握建筑遗产保护设计方法和基本技术手段。毕业设计的选题在类型上也更为多样。从近年的选题来看，涵盖了传统民居、近代建筑、工业遗产以及大遗址等不同类型，一般均为真实课题。

老城历史沿革

汉代
宋代
明代
**手工业商业为主
港口之地**
清代
**港口贸易孕育
城市雏形**
民国
**骑楼与
老字号侨商兴起**
解放前
解放后
**衰落，再兴起
与中心转移**
省会后

外化之地，废郡置县——苏轼的贬谪到海南
列入版图
唐朝开始集市出现，与大陆港口城市进行小规模的贸易
通往南亚"**海上丝绸之路**"必经口岸，造船业发展
1395年筑所城，防倭寇和海盗——保护府城
四条所路为海口城区的贸易集散地。

1684年解除海禁，次年设关部，贸易和海运活跃
1858年《天津条约》将海口列为通商口岸，
城市雏形逐渐显现出来，内地商人团伙建立会馆。

1924年城墙拆除，划路扩街。
华侨投资房产，清末逐渐**建起骑楼**，经营老字号
受广州**泛骑楼化模式**的影响，形成完整骑楼立面
抗战时期日本统治者压制，海口民族工业萎缩

由于左倾，经济发展落后其他港口城市。
后进行经济体制改革，骑楼收为国有，老城
人口增多，临时搭建和加建私宅改变了老街面貌，
解放路建起和平戏院等，成为**最繁华**的街道

1988年成为全国最年轻的省会城，**城市中心转移**。
2007年历史文化名城，第六批重点文物保护单位

中山路变迁

摘自《海口市中山路街廊修缮与长堤路路段改造方案设计》

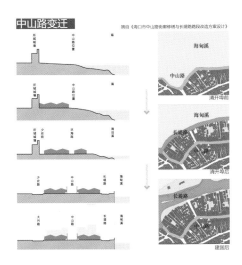

明洪武海口所城

清末开埠前海口所城

开埠后海口所城

1933年海口地图

227

手段

以现场调研为基础：与历史建筑保护设计相同，毕业设计同样需要进行充分的现场勘查与调研。

以问题研究为导向：毕业设计包含设计和研究两方面的要求，这就要求学生的设计必须是以问题为先导，带有一定的研究性。设计的过程也是发现问题，解读问题，寻找答案的过程。

以保护技术为依托：结合历史建筑保护实验室及相关教学资源，促进学生对技术与设计的综合思考。

过程

文献研究：为了使学生迅速进入状态，课程之初先用一周左右让学生进行文献检索和阅读，了解海口的历史背景和骑楼建筑的发展，并进行课堂汇报和讨论。

现场调研：在文献研究基础上进行为期一至两周的现场调研，并与相关文献对照，形成对该历史街区较为完整的认识。主要引导学生在历史背景、风土环境、传统建筑以及社会问题四个层面展开研究与调查。

确立主题：毕业设计课题具有一定开放性，在中山路这样一个典型骑楼历史街区内，同学可以发现问题，并结合问题选择合适的设计对象。指导教师在这一环节中，需要与学生充分交流探讨，并适时进行引导和给出建议。

设计深化：进入设计单元后，采用一对一辅导的方式，采取合适方法深化设计。在设计概念形成的过程中，注意引导学生同步思考建筑遗产保护的技术逻辑。

技术引导：结合相关教学资源，使学生理解保护设计的技术逻辑，初步掌握历史建筑材料特性和基本修缮技术手段。

敞廊骑楼结构分析（选自：2010 年学生测绘成果）

A 沿街骑楼现状描述

沿街业态：五金业，小卖部
使用现状：
一层：沿街部分为两个五金铺，内部
为仓库，东侧为小卖部。
二层：仓库。为支撑瓦楞板屋顶内有
钢结构支撑。
立面现状：
南立面：刚刚完成修缮，风貌完好。
北立面：破损严重，墙面剥落，窗洞
墙补，廊道拆除部分墙面。
屋顶现状：原屋顶破损，金属瓦楞
板盖在瓦片上面。有一户加建。

B 敞廊骑楼现状描述

主要功能：居住
使用现状：
一层：中间为过道，两侧为居住和厨
房，与骑楼形成的天井中加建厨房。
夹层：居住。层高低，破损严重。
二层：两户居住。
三层：西侧两户居住，东侧废弃。
立面现状：
南立面：水渍、风化严重，廊道搭建
破坏栏杆，搭建，植物破损。
北立面：腐朽风化严重，搭建，植物
破损；楼梯踏面磨损，结构不牢固。

承重体系

屋架体系：
中式传统屋架体系，瓦的重力由望板、
椽子、檩条逐步传导，传至搭接墙体。
竖向承重体系：檩条将力传导给山墙并
竖向传递。
力的传导：
瓦片——木望板——木椽子——木檩条
砖墙————基础——地基
加建结构：
由于金属瓦楞板重量增加使用轻钢结构
加固支撑。

维护体系
外砖墙同时为维护体系与承重体系

承重体系

屋架体系：由圆木作为三角弦杆，木板
作为腹杆形成三角桁架。
竖向承重体系：屋架直接传到钢筋混凝
土柱和山墙上；三层以下楼板通过木梁
传导力到柱子和山墙。
力的传导：屋架——钢筋混凝土柱
楼板——木梁——钢筋混凝土柱——基础——地基

维护体系
屋面为现浇钢筋水泥，维护采用砖墙，
内部分隔采用木墙，与承重体系脱开，
直接受力于楼板。

材料分析

红色木百叶　抹灰墙面

海灰　铁护栏

铁卷帘门

海灰　砖块加建

绿釉瓷瓶

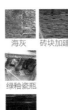
铁护栏

海灰　绿釉瓷瓶

木楼梯

砖块加建

学生：门畅
教师：王红军
年级：2009 级

学生作业案例之一　"琼剧舞台空间的再生"

　　门畅的毕业设计更多关注于海口骑楼建筑本身的病理分析和修缮技术。她以中山路大亚旅社为对象，对这一历史地标建筑进行了保护与再生设计。在空间整理和功能置换之外，对海口骑楼建筑的结构和建造体系进行了研究，对混凝土梁柱、砖砌体和水平木构件的破损情况和病理进行了分析，并提出了具体修缮措施。此外，方案对海口骑楼的不同面层材料，特别是当地最为典型的外墙抹灰材料进行了系统整理。通过现场取样，在同济大学历史建筑保护技术实验室进行了相关实验，并提出了相应的保护导则和技术措施。这一设计教学过程也得到了历史建筑保护实验室戴仕炳教授、土木学院结构工程与防灾研究所卢文胜教授的大力支持。

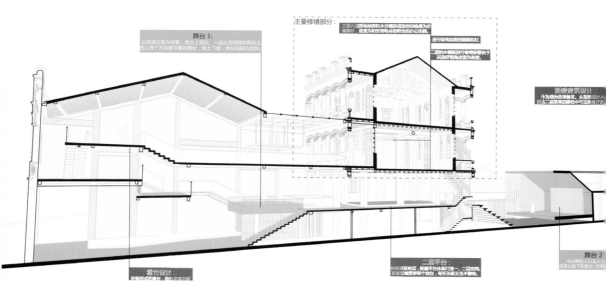

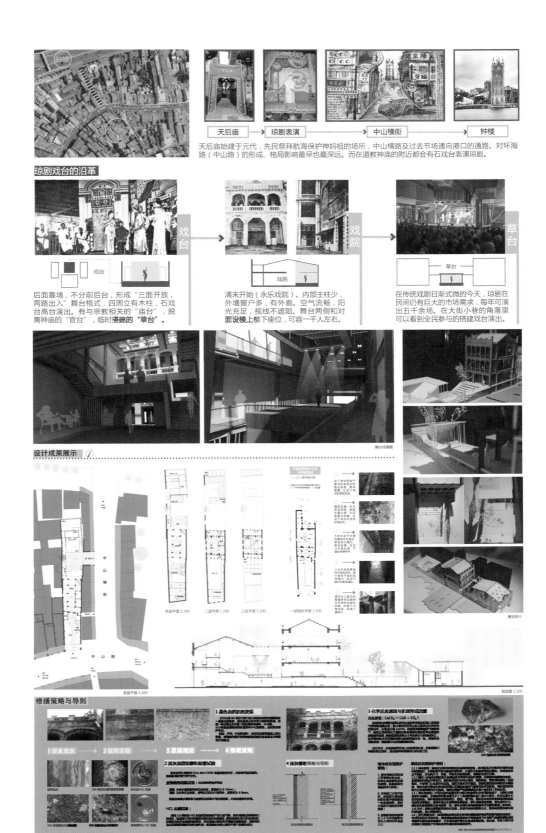

天后庙 → 琼剧表演 → 中山横街 → 钟楼

天后庙始建于元代，先民祭拜航海保护神妈祖的场所，中山横路及过去节场通向港口的通道。对环海路（中山路）的形成、格局影响最早也最深远。而在道教神庙的附近都会有石戏台表演琼剧。

琼剧戏台的沿革

戏台

后面靠墙，不分前后台，形成"三面开放，两路出入"舞台格式，四周立有木柱，石戏台高台演出。有与宗教相关的"庙台"，脱离神庙的"官台"，临时搭建的"草台"。

戏院

清末开始（永乐戏院）。内部主柱少，外墙窗户多，有外廊。空气流畅，阳光充足，视线不遮阻。舞台两侧和对面设楼上楼下座位，可容一千人左右。

草台

在传统戏剧日渐式微的今天，琼剧在民间仍有巨大的市场需求，每年可演出五千余场。在大街小巷的角落里可以看到全民参与的搭建戏台演出。

舞台场景图

设计成果展示

夹层平面 1:200　二层平面 1:200　三层平面 1:200　一维现状图 1:200

首层平面 1:200　　剖面图 1:100

模型照片

修缮策略与导则

1 黑色自然沉积发现
3 化学反应演变及训练形成因素
化学式：$CaCO_3 \rightarrow CaO + CO_2$

1 现象发现 → 2 取样实验 → 3 原理阐述 → 4 修缮策略

2 抹灰层反应源和成型试验

4 抹灰修缮策略与导则

学生：孙轶骏
教师：王红军
年级：2009 级

学生作业案例之二 "平衡"

方案针对骑楼街区居民的生活现状、房屋产权、发展模式，以及与外来旅游人群的关系等社会层面问题，对中山路 21~35 号建筑群进行了保护与再生设计。

在现场建筑勘测的基础上，孙轶骏同学重点对居民的生活空间、人群构成和产权状况进行了详细调查。分析了目前国内历史街区保护与开发的几种典型模式，对以征收动迁为主的我国城市旧区改造模式进行了反思，并针对直管公产、非直管公产、私产分别给出了不同的改造和发展途径，试图在权益平衡的背景下，探讨旧城社区发展的新模式。难能可贵的是将这一探讨与历史建筑的空间整合关联起来，结合既有建筑现状，保留原有的沿街骑楼，将部分质量较差的公租房拆除重建。不仅改善了居住条件，也重新定义了外来人群和原住民的空间领域，并通过底层的商业活动将二者联系起来。对于原住民来说，底商上住的传统模式将在今后的发展中给予他们更多的经济来源。

权益平衡下的海口历史街区更新与保护
——以中山路 21—35 号为例

保护与更新　Conservation and Renovation

原始二层平面
original 2nd floor plan

原始一层平面
original 1st floor plan

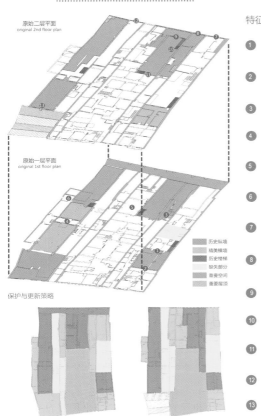

历史纵墙
精美横墙
历史楼梯
缺失部分
重要空间
重要屋顶

保护与更新策略

■ 保护　　■ 维护　　改建　　拆除重建

特征要素　Characteristic Element

① 21 号第二进，原第三进，保留有完整的门洞和门窗，并保留了一半的原楼梯。

② 21 号南侧的墙面保留有原始的门窗信息，同时门窗由砖石砌成。

③ 23 号第二进，保留有原有窗框门洞和雕花以及木质楼梯。

④ 35 号内两横墙保留了原始的门窗信息，有上下窗之分，之后的横墙虽被遮挡，也保留有门窗信息。

⑤ 25 号内仓库，保留有原当地特色的红色末上釉地砖，破损情况较为严重，其上 26 号地砖不知何年代。

⑥ 现属于 35 号，原为 37 号第二进，门窗信息保留完好，但现状为被封堵。

⑦ 21 号二层，中山路沿街立面，山墙雕花、窗框保留完好，属于巴洛克风格。

⑧ 21 号二层，中山路沿街立面，山墙雕花、窗框保留完好，属于巴洛克风格。

⑨ 25 号沿街部分有两道墙体，其上有带拱券的彩色玻璃窗，内墙上有火焰券窗。

⑩ 25 号内保留的原始楼梯，木质结构，通往屋顶平台，形制较为精美。

⑪ 25 和 27 号南侧横墙，窗信息保留完好，但有遮盖和封堵，部分原始构件缺失。

⑫ 33 号沿中山路立面保留完好，立面拱券窗，上有彩色玻璃。

⑬ 35 号二层后部立面，窗洞信息保留完好，但有部分封堵。

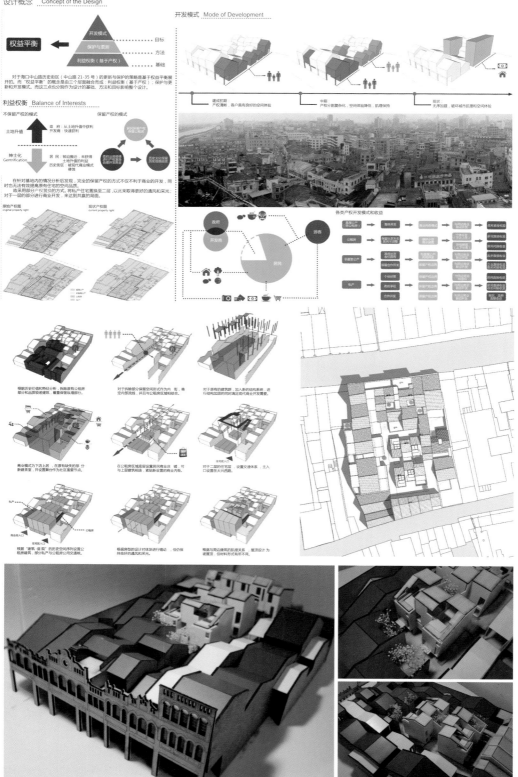

清洗 水渍 表皮脱落 植物覆盖 水泥覆盖 缺失 落水管 立面店招

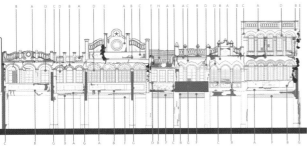

A 清洗立面上的水渍和霉渍
B 修补墙面破损，拆除附加物，修补立面雕饰
C 修补立面裂缝，必要处适当加以结构加固
D 替换破坏构件，按现状或历史资料修复木窗
E 清除立面植物，适当清洗和修补
F 去除后期天花，按历史形制复原
G 拆除立面附加物，适当修补
H 拆除后期搭建，适当修补

研究生
Postgraduate

专业硕士研究生建筑设计能力
深化培养的课程设置

Enhanced Curriculum for the Program of Master of Architecture

王志军 / 同济大学建筑与城市规划学院建筑系 副教授，硕士研究生教学主管

针对建筑学专业型硕士研究生培养的现行体系，培养过程的导向已面临实质性的转型，从单纯的理论研究型转变为多元化的，以实践创新为主导的专业实践型。为此，在培养过程中，建筑设计课程的设置与实施成为教学改革与转型的重要环节。立足于"卓越工程师"培养目标的同济大学建筑系硕士生教学，在建筑设计课程设置上已经形成了较为完善的体系，但如何深化与进一步推动课程的系统化设计，实现培养目标，仍是值得探讨的问题。

1 专业型硕士研究生建筑设计课程的导向和定位

现行建筑系硕士研究生的培养方式，在三个主要环节中，有两个是针对设计和实践能力训练的，并以建筑设计课程作为专业训练的主体。在培养目标的设定上，将硕士研究生阶段的科学研究、专业实践、学术交流以及理论结合实践能力培养作为主要目标。[①]可以看出，通过学术研究和设计实践的交织化训练，提高学生的理论认知水平和专业素养，把实践创新能力的提升作为目标，已经成为专业型硕士研究生培养的主导方向。其中，建筑设计课程的设置，一方面在深度上向技术化、职业化转型；另一方面，将通过综合性命题，把学科交叉、专门化知识、国际化视野等纳入设计教学过程，为实现培养目标奠定坚实的基础。

硕士研究生建筑设计课程的定位，是经与本科阶段整合后形成的。在本科阶段的建筑设计课程，通常以"类型化建筑"设计作为命题，尽管每个设计类型为学生

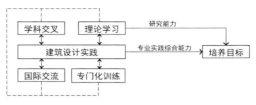

建筑设计课程设置的导向结构图

带来了解决该类建筑设计问题的技巧和经验，但从根本上来说，不可避免地存在着重复和"堆积"工作量的问题。从现状看，在本科阶段的毕业设计似乎一枝独秀，成为多样化、综合化建筑设计的大检阅，这种对毕业设计方式的多元化追求也成为当今各个建筑学专业较为普遍的现象。②而在其后的硕士研究生阶段建筑设计课程应以何种定位展开，尤其是瞄准建筑学专业硕士学位的培养目标，近来也出现了一些改革的呼声。

在专业型硕士研究生培养目标引导下，纵观从本科到硕士研究生毕业的整个过程，建筑设计训练的过程，对应其在硕士研究生两个阶段，承担了提高实践创新能力、设计研究能力、专门化设计能力的职责，对其设置进行充分而清晰的定位是非常有必要的。借鉴国、内外相关专业在建筑设计课程上的实践，在专业设计训练定位上应体现以下几个方面：①将专业理论和批判性思维运用于建筑设计，学习相关理论及文献，以及案例、建成环境等调研、分析与归纳方法；②对建筑及其设计技术进行深入了解，并能很好地解决设计中的专业技术问题，能独立地完成实际工程任务；③了解跨学科的关联性和思维方式，在一个专门问题上具有深入的研究和专业知识；④建立国际化视野，能了解不同文化与环境背景下的建筑设计应对策略和方法，提高创新能力。

2 建筑设计课程设置改革涉及的内容

在明确的培养目标指导下，重要的是根据课程定位，落实建筑设计课程设置的路径和内容。从当前的教学状况看来，有以下几种方式：

2.1 自主命题设计

自主命题建筑／城市设计课程一般分为两种形式，一种是导师自主命题设计，

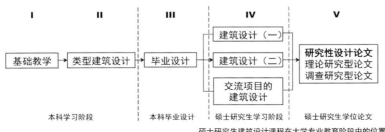

硕士研究生建筑设计课程在大学专业教育阶段中的位置

另一种是院、系组织的自主命题设计，通常都是必修课程。对于导师自主命题设计，常常处于相对"自由"状态。该课程设置的本意，是充分利用指导教师的工程实践和教学平台，通过学生的参与，从设计项目中取得经验，是自主命题设计课程的重要形式。通过多年的实践，该课程的教学效果参差不一，原因相对较为复杂。其中，在参与实际工程作为设计课程的案例中，尚存以下主要问题，比如实际项目中委托方及其任务要求和周期等具有一定的特殊性、偶然性和阶段性，在参与设计的过程中，学生受到的限制较多，虽然在一定程度上锻炼了学生应对和解决实际工作中某些具体问题的能力，但若没有经历设计过程中的关键环节，缺乏整体体验，收效恐难以保障；其次，教案与考核标准难以制定，教学管理较难实施与控制，成效较难评估。

针对导师自主命题建筑设计课程在实践中的现状，若将设计课程纳入大学建筑学专业教育整体来看，其目标应设定于一个比本科学习阶段更具专业操作深度的课程训练，强化技术和职业化内涵。若对该课程进行本、硕阶段的整体性整合，将会为建筑学的专业型教育改革迈出重要一步。虽然与此相关的讨论仍需要进一步深入，但就该课程的设置而言，可采取的一些措施和方式如下：

其一，规范性。制定课程设计的成果规范，对命题的性质、深度、成果等要求，在教案中予以明确，提出相应的考核标准。

其二，统一性。可采取由不同的学科组统一命题和拟定教案的方式，规定设计深度，由导师指导，按教案提出的设计任务书完成设计，统一考核。

其三，多样性。如鼓励学生参加各类设计竞赛，由导师指导设计，成果可按竞赛要求结合考核标准提交，按作业规范考核。可作为统一命题设计的补充，旨在强化学生参与竞赛的体验，为职业化设计投标、竞赛等建立认识。

其四，认定性。将一些双学位、交流项目中的建筑设计课程及其成果经仔细比对进行认定，鼓励学生参与项目中的设计课程，开阔眼界。借用外部资源拓展建筑设计训练。

与上述不同的是，由各个学科组组织的自命题设计课程，设置导向则是带有研究性的设计，强调理论学习、学术性、案例调查研究、专门化技术训练、学科交叉、国际化、英语教学等，命题具有一定的开放性、自由性、交流性和创新性，与导师指导的自命题设计形成互补。课程的主要形式是联合设计、英语教学和专门化设计训练。

2.2 联合设计

近年来，联合设计逐步增多，成为硕士研究生建筑设计课程的主要形式之一，也成了"培育创造性和前瞻性的开放性实验室"[③]。从两校联合到多校的联合，通常有中、外不同学校硕士研究生的参与，各方派教师参与辅导。对于同济大学建筑系来说，2014—2015 学年的春、秋两个学期建筑设计课程设置中，联合设计所占比例已近 25%，联合主体是欧、美、日等国家大学的建筑学专业师生。

在联合设计的命题与教案中，均将研究性内容作为设计课程的前提组成。如："建筑空间原型研究与建筑设计"，要求将建筑类型学以及空间原型作为规定性研究内容，运用于设计实践④；"USC 数字化建造"是一个暑期联合设计，把数字化作为专门技术研究融入设计⑤；将于 2015 年秋季学期开设的"苏州历史街区更新建筑设计"，则是一个把地域性文化和环境特征作为研究与调查对象的建筑设计课程⑥。

从上述课程命题与教案设置中可以看出，联合设计的重要目的，是把理论研究、案例调查研究、专门化技术研究、不同地域文化与环境研究作为设计任务的前提，强调研究与设计的关系，也能够充分利用联合设计的条件，了解不同国家和地区的建筑观念，通过交流拓展学生的设计思维、展宽视野，提高创新能力，以期达到具有多重成效的教学目的。

2.3 双学位和交流项目中的建筑设计

经过近十年的发展，同济大学建筑系已与 12 个国外大学建设了联合培养硕士研究生的双学位项目，另外还有半年期的硕士研究生与国外院校的交流项目。项目中的建筑设计类课程在中、外双方的培养计划中都给予了高度重视。

在同济大学建筑系统筹设置的约 24 门建筑设计课程中，有 70% 的课程是英语教学，这些课程的国际化平台建设，一方面满足了双学位项目的发展，以及国外留学生增多等需求；另一方面，通过双语教学，使科学研究、专业视角、国际合作等方面具备了一个开放的可交流语境，为学生能自由地展开设计思维，横向交流和相互学习，取得国际化专业经验创造了良好条件。

同样，参加双学位项目和国际交流的学生，在国外学校也得到了相应的设计训练。例如，在同济大学—柏林工大的双学位项目中，柏林工大提供了由四个部分组成的英语课程平台，其中的"项目（Project）"平台分为：P1——深化城市设计（Deepening Urban Design）和 P2——在历史、社会学、国际视角下的城市设计（Urban Design in Historical, Sociological and International Perspective）两个部分。⑦设计课程的教案设计目的明确，分别是强化设计的深度，以及用科学视角和研究方式介入设计课程。其他的理论课程部分均以 P1、P2 为核心，在设计实践中形成对理论问题的深入思考，为设计课程提供了强有力的支持，最后将教学成果反映在学位论文（研究性设计）的写作中。⑧

3 研究性设计及其规范化

目前的硕士学位论文通常有三种形式：理论研究型论文，案例调研型论文和研究性设计。根据建筑学专业学位研究生的培养机制，研究性设计应成为学位论文的主要形式。从整个研究生阶段培养过程中可以看到，建筑设计训练始终担当了主干教学角色，同时，在一些双学位项目中，以研究性设计作为学位论文的项目也很多。这不仅是对建筑设计课程的成果考核，也是针对建筑学专业硕士研究生，以实践创新能力培养为目标的检验。根据目前研究性设计偏少的现状，应尽快予以推进。因此，对论文从开题到答辩，特别是对于研究、设计成果的要求，均需要建立一个有针对性的规范化标准，以期控制论文质量。对研究性设计论文规范的制订，综合目前的讨论，可供关注的内容有以下几个方面：

其一，选题背景和专业语境要求。选题鼓励对当代建筑学领域以及相关学科交叉问题的挖掘，有进行专业设计的环境背景和语境，对设计用地所处的地域环境有详细、明确的信息分析。对涉及的学科交叉领域具有相应的前瞻性认识。

其二，研究问题的设定。设计应提出需要解决的主要问题，并围绕该问题，在研究部分做分析和论证，在设计中采取相应的策略予以解决，设计要回答设定的研究问题。

其三，文献研究与案例调研。围绕设计问题和选题，对相关的理论和文献展开研究综合，并能综合理论文献和研究现状，对类似的设计项目案例进行调查与分析，归纳总结。

其四，设计任务的设定。对设计任务进一步予以明确，制订详细的、具有针对性的设计任务书，对宏观，中观与微观环境设计提出要求，对设计中的主要技术难点提出深化设计要求。

其五，设计策略的制定。在设计过程和成果中，应在文献综述和案例研究的基础上，提出并论证设计采取的主要策略以及采取的技术手段。

其六，设计的分析与总结。对于设计过程与成果，在不同的专业层面充分地进行文字与图解式分析，分析应体现研究性和专业性。对设计中采用的策略的技术手段进行总结。

最后，设计成果及深度要求。对于研究性设计来说，其成果一方面要对设计内容进行充分的表达，另一方面，还要满足现行学位论文的写作要求和规范。⑨在具体成果细则中，应对上述内容作出回应，其设计成果应体现研究性，在研究问题的回应上做重点的表达，同时，应满足对技术层面的设计要求，达到不低于初步设计的设计深度。

在上述原则下，研究性设计在很大程度上应体现研究内容，而不是止于在设计技巧和技术深度上做出的充分表达。与本科毕业设计相比，研究性设计的主要区别是不仅能够展现设计内容，还应在方法论和学术研究上有所回应，其路径为：提出问题—案例研究—理论运用—制定策略—展开设计—成果（回答设定问题）。从而研究性设计成果成为建筑设计课程训练和理论学习的综合考察和检验。

注释

① 同济大学建筑与城市规划学院建筑系硕士研究生培养方案中，培养方式为三个主要环节：课程学习，专业实践，学位论文。培养目标具体内容详见《同济大学建筑与城市规划学院建筑学硕士培养方案》。
② 从同济大学近年来的建筑学专业本科毕业设计来看，其形式已经从单一的命题——考察——设计的单一模式，转变为集实际工程项目的调研、设计于一体的方式，另外还有与国、内外院校的联合设计，参加国际、国内各种设计竞赛等方式。
③ 详见郑时龄.国际联合设计工作室——培育创造性和前瞻性的开放性实验室.同济大学建筑与城市规划学院主编.同济大学建筑与城市规划学院国际联合设计教学作品集.上海：同济大学出版社.2012: 4
④ 该课程是张建龙教授、岑伟副教授组织的中法硕士研究生联合设计课程。
⑤ 该课程是由袁烽副教授主持，中外硕士研究生参与的联合设计课程。
⑥ 课程由王伯伟教授、王方戟教授主持，是与东京工大的联合设计。
⑦ 四个部分分别是：项目、必修课、选修课和学位论文。
⑧ 详见王志军.走向教学与研究协同发展的教育合作.北京：教育与出版，2014.3（171A）.50-51
⑨ 按照日前规范，要求研究性设计论文文本不少于 15000 字，成果中设计展板为 10 张（A1 规格）。

研究生

超高层建筑综合体
三维网格，高层建筑作为城市基础设施和活力的延伸

Network-3D, Tall Buildings as Extensions of Urban Infrastructure and Vitality

教师：谢振宇 王桢栋
谭峥 Peng DU
（CTBUH）
David MALOTT（KPF）
Elie GAMBURG（KPF）
Zhizhe YU（KPF）

年级：研究生一年级
上半学期
课时：15 周

Teacher: XIE Zhenyu,
WANG hendong,
TAN Zheng, Peng
DU(CTBUH), David
MALOTT(KPF),
Elie GAMBURG
（KPF）, Zhizhe
YU（KPF）
Grade: Year 1, graduate
Time: 15 weeks

课题

课题"三维网络——高层建筑作为城市基础设施和活力的延伸"，选取的基地位于纽约中央车站西侧地块（美国最大 CBD 的区域中心），根据规划基地容积率可达 30，建筑功能包括换乘枢纽、办公、酒店、住宅及可能的公共项目（商业、文化艺术、休闲娱乐等设施）。本课题自 2013 年开始，这是第二次与世界高层建筑与都市人居学会（CTBUH）及境外一流建筑事务所开展的联合设计课程。

目标

作为研究生一年级的建筑设计课程，本课程的首要目标是让学生拓展国际视野，并掌握一定的设计研究方法。其次，课程希望学生能够掌握现代城市超高层建筑设计方法，了解和运用生态模拟、结构动力学、设备、垂直交通及消防等相关专业知识，认识超高层建筑综合体与城市环境及景观的关系。

本次课题意在探索真正的"三维城市"对于高层建筑的意义：将超密度的发展置于主要的城市基础设施之上，同时又能提供真正的公共空间，甚至将建筑本身作为城市的垂直基础设施。学生应该发展建立这样一幢塔楼：它能挑战"三维城市"的极限——混合功能，鼓励极端密度，同时有策略地在整幢建筑中引入有意义的公共空间。

手段

课程采用长课题形式，将学生分为 5 组（综合每次授课时间分配因素确定），通过讲座、汇报、点评结合讨论的授课形式，让学生按照"研究—调研—深化"的三个步骤完成全过程的课题设计，尤其强调在短题过程中较难展开的前期研究和实地调研部分的重要性。整个教学中对超高层建筑的理论、思想、趋势以及设计的政策、策划、概念、基地、体量、功能、动线、空间、结构、造型、图纸表达等因素都依次进行讨论。强调研究的长题课程可以使学生更为关注建筑局部、建筑群体与城市的关系，在培养调查研究、立论、评议的综合设计能力同时，了解超高层建筑特点和基本设计方法。本次课程基于"三维网络"和纽约规划条件的定量化分析，在教学中重点讨论了高层建筑作为城市基础设施和活力延伸的可能性，总体城市关系解析、高层建筑单体组织、系统设计方法、建筑模型与三维表达方法。

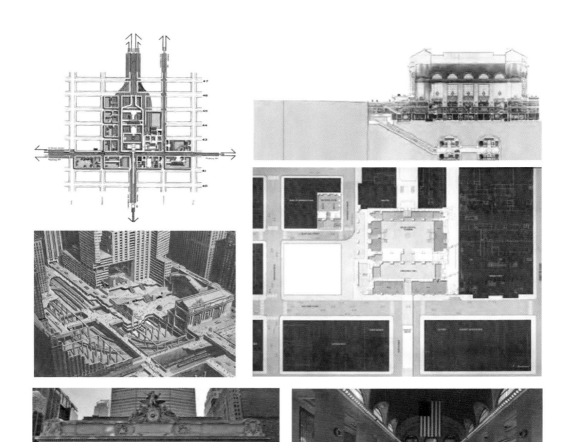

基地条件：纽约中央车站

过程

教学计划将 15 周的课程分为前期研究、基地调研和设计深化三个部分。

第一部分为 4 周的前期研究。包括"超高层建筑综述"及"课程基地及研究背景介绍"的系列讲座、超高层建筑研究（分 5 个关键词：城市文脉、多样性、复合性、城市性、生态性）和课程基地及城市背景研究（分 5 个关键词：地表形态（Topography）、建筑形态包络（Building Profile）、巨构（Megastructure）、拥挤文化（Culture of Congestion）、规程策划（Program））等内容组成。课程以大课讲座结合学生汇报教师点评的形式展开，密集的讲座结合汇报讨论，学生快速掌握了超高层建筑的基本知识和发展趋势，并在共享各自研究成果的同时，对基地和所在城市整体有了较为全面的认识。这一阶段以在 KPF 上海办公室的前期研究及概念方案汇报作为结尾。

第二部分为 2 周的基地调研及海外工作营。包括由 CTBUH 及 KPF 共同组织的纽约基地调研、高层建筑参观和在 KPF 纽约办公室进行的讲座及讨论课程（包括由 KPF 参与课程的建筑师所做的 3 个针对课题的讲座），学生在基地周边及纽约市域的调研，设计工作营（任课教师指导），以及最终在 KPF 纽约办公室举行的初步方案答辩。这一阶段的学习不仅让学生接触到了世界高层建筑的设计前沿思想和理论，也让学生能亲身体验基地及城市的实际情况，在地的设计工作营取得了非常好的教学效果，学生也明确了设计目标。

第三部分为 9 周的设计深化。包括海外工作小结，由所在公共建筑梯队其他教授作为评委的方案中期汇报，5 轮方案深化讨论，以及最终在 KPF 上海办公室的最终答辩。这一阶段的学习在总结前期工作的基础上，学生通过与任课教师面对面的指导和讨论中根据各组不同的主题来协同合作，深化设计。最终的评图邀请到了基地真实项目的主持建筑师兼 KPF 合伙人参与，他的点评为学生反思和深入认识自己的设计起到重要作用。

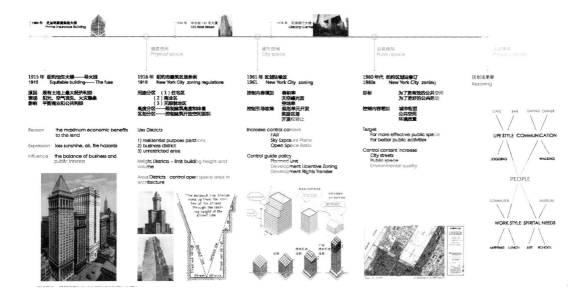

1885 年 芝加哥家庭保险大楼 Home Insurance Building	1930 年 华尔街 120 号大厦 120 Wall Street	1978 年 花旗银行大楼 Citicorp Center

| 城层空间 Physical space | 城市空间 City space | 公共空间 Public space | 人的需求 Pedestrian needs |

| 1915 年 纽约恒生大楼——导火线 | 1916 年 纽约市建筑区划条例 | 1961 年 区划法修改 | 1980 年代 纽约区划法修订 | 区划法更新 |
| 1915 Equitable building—The fuse | 1916 New York City zoning regulations | 1961 New York City zoning | 1980s New York City zoning | Rezoning |

原因 拥有土地上最大的经济利益
表现 阳光、空气损失、火灾隐患
影响 平衡商业和公共利益

用途分区 （1）住宅区
　　　　 （2）商业区
　　　　 （3）无限制造地区
高度分区——限制建筑高度和体量
区划分区——控制建筑开放空间面积

控制内容增加 容积率
　　　　　　 天空曝光面
控制引导政策 规划单元开发
　　　　　　 奖励区划
　　　　　　 开发权转让

目标 为了更有效的公共空间
　　 为了更好的公共活动
控制内容增加 城市街道
　　　　　　 公共空间
　　　　　　 环境品质

Reason the maximum economic benefits to the land

Expression loss sunshine, air, fire hazards

Influence the balance of business and public interest

Use Districts
1) residential purpose partitions
2) business district
3) unrestricted area

Height Districts -- limit building height and volume

Area Districts - control open space area in architecture

Increase control content
FAR
Sky Exposure Plane
Open Space Ratio

Control guide policy
Planned Unit
Development Licentive Zoning
Development Rights Transfer

Target
For more effective public space
For better public activities

Control content increase
City streets
Public space
Environmental quality

01 文脉和基地分析
Analysis of context and the site

奖励机制下的公共空间现状 & 中央公园分析
The current situation of public space under incentive zoing & Central park

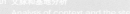

开发权转让 Development Right Transfer	开放空间 Open Space	室内广场 Inner Square	空中花园 Sky Garden
花旗银行 Citicorp Center,1978	西格拉姆大厦 Seagram building		利华大厦 Lever House, 1952
业态不适合 使用率低 Formats not match Low utilization	公共空间不连续 使用不方便 Public space isn't continue Not convenient	受物业管理 缺乏自由 Under management Without freedom	可达性低 使用率低 Unaccessible Low utilization

公共绿地 Public green space	商业区 Business district	教育区 Education district	旅游区 Tourist district	商业、教育、旅游三者之间的关系 The relations among business, education and tourism	三者与公共绿地之间关系 The relationship among public green space and other three factor

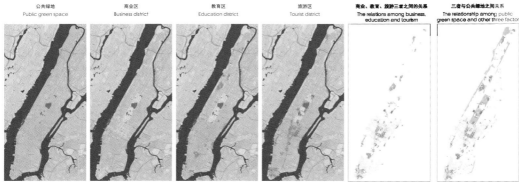

城市教学研究（学生作业：程思 李祎喆 张谱 赵音甸）

学生：程思 李祎喆
　　　张谱 赵音甸
教师：谢振宇 王桢栋
　　　谭峥 Peng DU
　　　（CTBUH）
　　　David MALOTT（KPF）
　　　Elie GAMBUR（KPF）
　　　Zhizhe YU（KPF）
年级：2014 级

学生作业案例之一 "我的微纽约：全球垂直市场"

　　设计小组经过调研和访谈关注到纽约作为世界金融中心，其生活人群的多民族多文化及高流动性的特色。中央车站作为世界上最大规模的通勤车站之一，成为纽约特色集中展示的窗口，形形色色的人群亟需城市公共基础设施的支撑。该设计以螺旋上升的垂直市场为线索串联了中央车站的地下公共空间和空中的小尺度商业、居住、办公、酒店等混合功能，并在重要的空中公共空间节点结合垂直公共交通停靠站点辅以一系列文化艺术和休闲娱乐功能。小尺度的单元和塔楼内部定点停靠的垂直循环公共交通系统有效降低了单元租金，促进了内部功能的自由生长和更新，为各民族文化在纽约寸土寸金的核心高密度区提供一席之地创造了可能。

TINY NEW YORK
——a global vertical market based on small scal

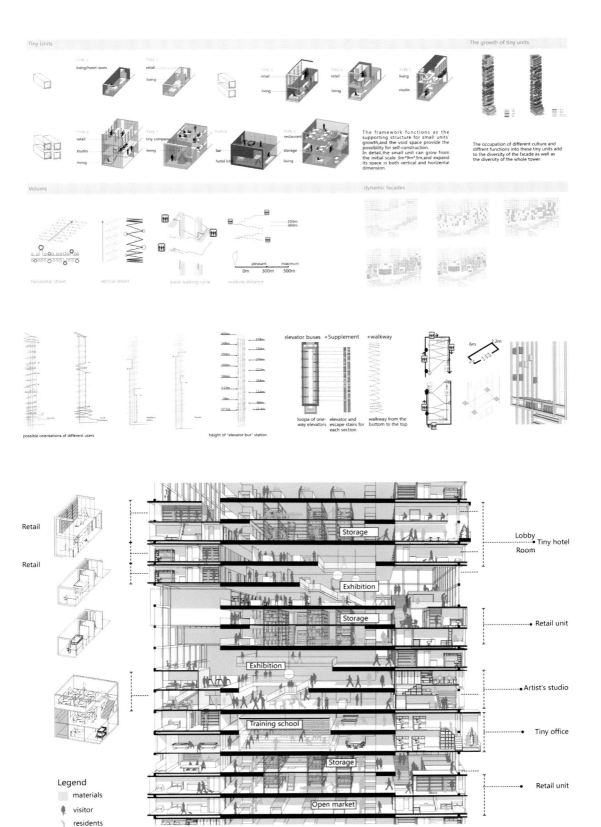

学生：周阳 陈艺丹
　　　魏超豪 李北森
教师：谢振宇 王桢栋
　　　谭峥 Peng DU
　　　（CTBUH）
　　　David MALOTT（KPF）
　　　Elie GAMBUR（KPF）
　　　Zhizhe YU（KPF）
年级：2014 级

学生作业案例之二　"空塔"

　　设计小组发现纽约在追求更高密度与强度的同时往往牺牲了公共空间的营造。在历史上，纽约的管理者通过不断修订的区域规划法规来控制城市形态的发展，其中也不乏针对商业开发利用公共空间换取额外奖励的政策。而事实上，在以往法规的引导下，商业开发所贡献的公共空间却呈现出分散与低效的状态。与此同时，中央公园这一高密度开发中弥足珍贵的集中公共空间又为城市持续不断地创造着活力。在摩天楼复兴的趋势下，设计小组认为纽约有必要基于垂直维度城市空间，尤其是集中公共空间营造，来再次修订区域规划法规。新法规将塑造垂直维度的城市网格，促进公共空间与城市基面的立体化发展，从而将城市生活引向高空。以此为契机，设计小组基于新法规，将高密度区域的公共空间集中置换到核心区块，复合成为集竖向交通、立体基面、空中花园等公共空间，以及文化艺术、休闲娱乐、体育健身等公共设施为一体的"空"之塔，成为编织城市三维生活的活力起点。

物质空间
Physical space
1916 纽约市建筑区划条例
New York City zoning

城市空间
City space
1961 区划法修改
New York City zoning

公共空间
Public space
1980s 纽约区划修订
New York City zoning

人的需求
People's needs
区划法更新
Rezoning

"空"塔
Void tower
中央公园的启发
Inspiration of Central Park

设计概念
Concept
生成过程
Generation process

整体设计
Overall design
功能 & 流线
Program & Circulation

激活立面
Activate the facade
"空"空间体系
'Void' space system

自组织
Self-organization
生成过程
Generation process

未来的曼哈顿
Future Manhattan
生成过程
Generation process

VOID TOWER

生成过程
Generation process

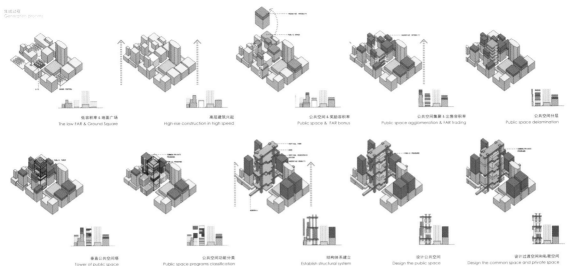

低容积率 & 地面广场
The low FAR & Ground Square

高层建筑兴起
High-rise construction in high speed

公共空间 & 奖励容积率
Public space & FAR bonus

公共空间集聚 & 出售容积率
Public space agglomeration & FAR trading

公共空间分层
Public space delamination

垂直公共空间塔
Tower of public space

公共空间功能分类
Public space programs classification

结构体系建立
Establish structural system

设计公共空间
Design the public space

设计过渡空间和私密空间
Design the common space and private space

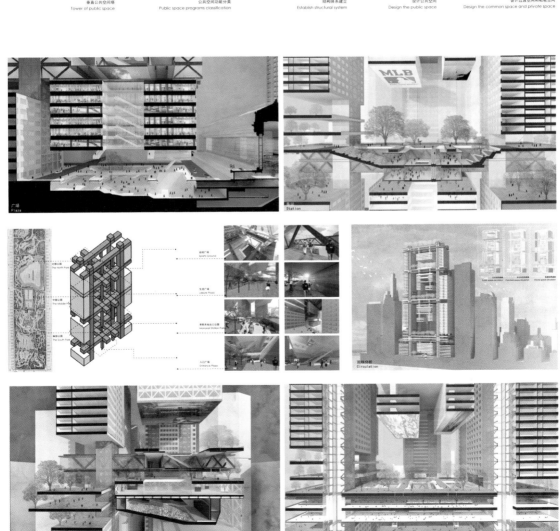

学生：李骜 杨之赟
　　　陆伊昀 刘晓宇
教师：谢振宇 王桢栋
　　　谭峥 Peng DU
　　　（CTBUH）
　　　David MALOTT（KPF）
　　　Elie GAMBURG（KPF）
　　　Zhizhe YU（KPF）
年级：2014 级

学生作业案例之三 "垂直终点站"

　　作为世界上最为繁忙的城市之一，纽约的通勤系统以高效著称。然而通过调研，设计小组发现一方面，纽约的三个机场之间以及机场与城市轨道交通系统和铁路客运系统的联系薄弱，这无疑是整个交通系统中的薄弱环节；另一方面，曼哈顿岛的岩石地质使得城市往地下发展基础设施的代价极大，而高密度的城市中心区现状也使得水平向发展基础设施的设想难以实现。如何解决这组矛盾，是本设计的思考核心。设计小组利用中央车站地处三个机场的地理中心，且具有极佳的轨道交通和铁路客运系统的换乘优势，在基地上设置了一个垂直终点站，来有效联系三条机场快线和基地已有的公共交通系统。设计小组通过创新性的垂直基础设施设计，使得换乘和候车的体验与纽约城市空间特色相得益彰。与此同时，通过将机场值机、候机等一系列功能与商业、酒店和办公等功能的梳理和综合，在垂直向打造了一个高效而又便捷的换乘系统。

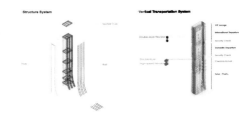

Railway System

International Departure

Domestic Departure

Check-in/Arrival

Structure System

Vertical Transportation System

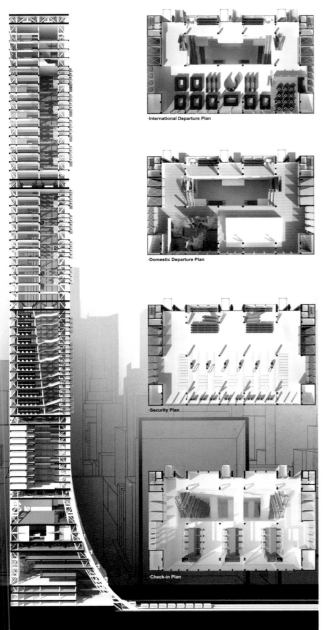

·International Departure Plan

·Domestic Departure Plan

·Security Plan

·Check-in Plan

·International Departure-Duty Free Perspective

·Domestic Departure Perspective

·Domestic Departure Perspective

·Check-in Hall Perspective

学生：郑攀 牟娜莎
　　　承晓宇 邬梦昊
教师：谢振宇 王桢栋
　　　谭峥 Peng DU
　　　（CTBUH）
　　　David MALOTT(KPF)
　　　Elie GAMBUR（KPF）
　　　Zhizhe YU（KPF）
年级：2014 级

学生作业案例之四 "垂直价值激发器"

　　纽约作为高密度垂直城市的代表，虽然有三维的城市空间，却没有三维的城市生活。经过调研，设计小组发现，一方面，城市最具活力的空间基本集中在地面街道层和地下地铁层附近，高层建筑的上部空间成为城市的末端；另一方面，曼哈顿岛周围的河流在空间上阻隔了城市高密度区的发展，虽然布鲁克林和新泽西离纽约CBD 中心区的空间距离并不远，但是实际发展情况远落后于曼哈顿岛上的大部分区域，居住在这两个区域人群的通勤时间消耗也远大于居住在曼哈顿岛上的居民。设计小组基于上述思考，为纽约提出了一套创造性的空中缆车通勤系统，并在基地上设计了一座由三个换乘站垂直叠加并在之间配以高效的垂直交通和商业、酒店、办公、居住等功能混合的塔楼。三个换乘站点从上到下依次为：城市级缆车换乘枢纽，区域级缆车换乘枢纽，缆车系统和地铁及火车换乘枢纽。通过这一系统，不仅可有效提升纽约中心区辐射范围内的城市土地上空价值，改变已有高层建筑上部空间作为城市末端空间的现状，促进城市高密度整体开发，同时也为上班族和游客提供了一个对纽约的全新体验视角。

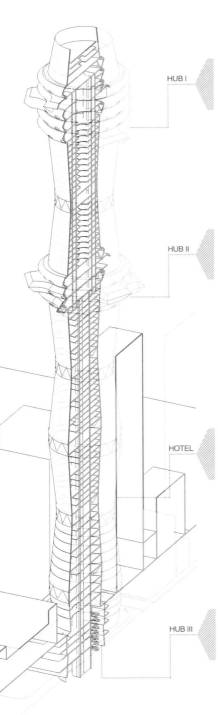

HUB I

HUB II

HOTEL

HUB III

[City Hub]

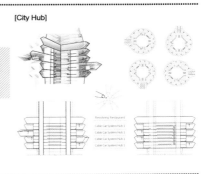

[City Hub] Firstly the cable city hub. To cope with the large amount of people from all over New York, has different line on different levels.

缆车城市枢纽：为了迎接城市四面八方的人群，建筑用一个层高8.4m圆盘单元次站一条缆车线路。人们到达后，就会沿平面外圈步行下客，中部换乘站换乘换乘项，商业在内部为人群提供便利。

[Regional Hub]

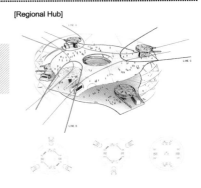

[Regional Hub] To serve local areas. in our case, the office area. This hub focuses on the convenience of transit, and because relatively smaller amount of travelers, we arrange three lines on one level.

缆车区域枢纽：前文已分析，服务周边办公区，强调对缓的换乘为主，各缆车线路尽量同盘换乘。同时办公模块与换乘枢纽排在一起与周边办公建立联系

With the pushes of the transportation hubs, life in the highrise gain new possibilities. People can easily get to the viewing deck high up in the sky;

在几个交通枢纽的推压下，高层的生活有了新的可能。人们可以轻松地到达高空中的观景平台；到达高空中的商业、高空中的酒店。

[Possibility high up in sky]

[Rail Transit Hub]

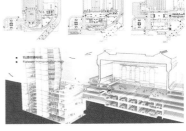

[Rail Transit Hub] The main task is to gain a good connection with the grand central on different level. To accomplish that, we rearrange the underground plans: on the ground floor,

轨道交通枢纽：主要处理的是与中央火车站的多层交通基面的连接，在基地地设计了巨大的下沉式广场地下生动的连接场景能够被地面感知。

研究生 居住区规划及建筑设计
Residential Planning and Architecture Design

教师：黄一如 周静敏
贺永
年级：硕士一年级
课时：15 周

Teacher: HUANG Yiru,
ZHOU Jingmin,
HE Yong
Grade: Year 1, graduate
Time: 15 weeks

课题

"住区规划及建筑设计"是针对研究生开设的一门居住区设计课程。从 2010 年开始已历时 5 年。为贯彻教学理念，命题均为时代热点，以鼓励学生关注社会问题、思考自己的责任。近年的主题有：10 万人的巨构、时尚青年城、慢生活与绿色社区、里弄更新对话、基于 SAR 的工业化住宅等。

"10 万人的巨构建筑"（2010）基地选址在山城重庆，在 1km² 的土地上建一个 10 万人居住的巨构建筑。希望以此引导学生对环境、社会、未来的思考，同时能够尽量减少约束，最大限度地发挥学生创造力。

"时尚青年城"（2011），是为青年艺术家、SOHO 从业者、引进青年人才、中低收入者以及中端购房者等不同需求的人群提供住房的命题，可以尝试人才公寓、廉租公寓、经济适用房、LOFT、商品房等多种居住模式。旨在鼓励学生在居住模式、社区融合上积极探索，有所创新。

"慢生活社区"（2012），注重的是将"绿色""老年人"的概念渗入居住区设计中，希望学生提出解决策略和实现方式，寻找 "绿色""适老"等概念作用于居住区整体规划、户型设计从而产生的变化，发掘绿色节能技术及适老化策略应如何运用到居住区设计中。

"曹家渡四街坊设计"（2014）的基地位于上海静安区里弄区域，目前出现空间割裂、人口密度大等问题，主要引导学生面对老建筑风貌保护及新老建筑呼应传承问题。

"基于 SAR 的工业化住宅"（2015）则是培养学生理解开放建筑的理念，掌握工业化住宅设计的手法，寻找解决粗放建设问题的钥匙。

目标

与本科生的设计训练相比，研究生课程更注重设计方法论的培养，目的是在 8~10 周的时间内，使学生理清设计的来龙去脉，引导学生做有根据的设计。在不同的题目中，有不同侧重点。根据不同的选题特点，锻炼研究生在分析问题和解决问题上的方法和能力。为此，作为教师，在题目设置、过程引导、成果评定中，都应注重强调逻辑分析能力和设计推进的合理性。

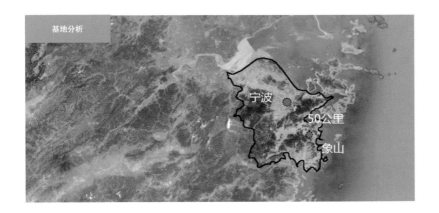

基地分析

宁波

50公里

象山

象山市位于宁波市东南部，距
离市区50km。
肌理特征：七山一水二分田

人口老龄化

宁波在1987年进入老龄化社会，比
全国早12年，是人口老龄化程度最
高的城市之一。

预计到2020年，每5个宁波人中就
有1位老人，面对"银色浪潮"，
如何养老成为宁波全社会共同关注
的话题。

年龄段	人口数量	比例
0~14	888859	11.69%
15~59	5708659	75.06%
60~	1008171	13.26%

老人 + 孩子 = 25%

■ 从前：共居生活

老年问题在中国有
自身特点，中国的
家庭观念强，具有
子女照顾老人的传
统。

历史上以多子多福、
子孙满堂的大家庭
为荣。

■ 现在：独居生活

考虑到子女压力大，
父母都愿意保证两代人独
立生活，同时愿意照顾
第三代。

手段

　　在课程中，采取以小组为单位、开放讨论的形式。学生 3~5 人分为一个小组，共同完成前期调研和理论研究、设计概念、小组讨论及推进、模型动画展示等过程，教师引导学生轮流课堂汇报并展开自由讨论，同时通过周记的形式记录设计过程。关于成绩的评定，设为百分制：周记 30%，各阶段成果及模型 + 课上讨论 30%，最后成果展示与汇报 40%。

过程

　　任务书的设置充分考虑了设计原理的掌握和现状问题。鼓励学生进行实地调研，同时可根据任务书中提出的问题，更进一步选择增加调研地点。通过对实际存在的居住区问题的调研、对目标人群的访谈、对基地城市问题的研究，加深对题目的了解；同时，鼓励学生进行大量的文献阅读和资料分析。从既往的研究和设计中，寻找相关的理论和解决问题的方法，并通过讨论提出自己的概念。

　　经过 2~3 周的研究和讨论，学生基本上找到了有根有据的概念来源，为设计方案的展开及深入提供了坚实的基础。同时，小组汇报的形式可以让学生看到其他小组是如何解题并提出哪些不同概念的，开辟了大家互相探讨和学习的渠道。

　　在设计初期，鼓励多概念并行，挖掘不同的视角。鼓励所有小组成员参加"头脑风暴"，提出自己的设计思路或方案，然后进行课堂讨论，通过对比筛选，聚焦一个方向进行整合深化，然后将这个设计方案一步一步推进下去，最终形成一个完整的成果。学生常常因为遇到技术问题而改变思路或偏离初期概念，这时教师会鼓励学生将一个概念贯穿始终，逐步解决问题而不是回避问题。

　　在之后的 4 周，教师引导学生针对基地周边关系，内部特征寻找设计对策、优化功能布局、梳理空间结构。学生在推进设计的过程中同步掌握住宅建筑的基本设计手法，了解各类规范、明确空间要素、满足建筑防火和建筑节能等要求，掌握居住区设计的相应的设计能力。在课堂汇报中强调要围绕设计目标逐步深化设计、解决过程中出现的各种问题，协调矛盾、完善设计成果。

　　通过每周的课上汇报、教师点评、课下小组合作、周记反思，各个小组都经历了有逻辑、讲方法的层层推进的过程。方案从概念雏形到形成体块模型，从建筑布局调整到景观、细部并行设计，每一次推进都留下了清晰的脉络，而在课程的最后

2~3 周，则是这些过程导向的结果的展示和检验。

最终的汇报鼓励小组全体成员共同参与，任务是展示整个设计的过程，注重强调"基于何种思考和调查提出什么概念"、"通过何种方法推进概念和解决问题"、"最终呈现何种结果"，每个学生在绘制图纸、制作动画和模型、整理汇报文件的时候，相当于回顾了整个设计过程，从而进一步加深对设计方法论的理解。

最后的成果汇报完成之后，进行"巧克力投票"，每个小组发两枚巧克力，以小组为单位投票给优秀方案。学生投票的结果与老师评委的点评结果共同计入总成绩。这种从始至终的评判，成功地调动了学生的积极性，活跃了课堂气氛，形成组与组之间互相学习、共同进步的氛围。

课程结束后，学生将周记整理汇总，在周静敏老师的指导下，写成课程小论文投稿《城市空间设计》杂志，将设计的"火花"和体会与其他高校师生及设计人员共享。课程开始以来，已经发表了 11 篇课程设计周记。

开放互动式教学经过几年的探索已经初见成效。与"学生设计，老师看图"的一对一、一对多的教学模式相比，这种课程模式更能增加师生互动与交流；培养学生系统性的设计方法，提高了他们实地调查、工作模型、图纸表现、讨论汇报的全面能力；学生通过这个过程学会了独立思考与集思广益的能力，培养了团队合作精神与分工协作相意识。

最重要的是，学生通过整个设计过程，培养了"有依据地做设计"的习惯，对设计方法论有了初步的认识和掌握。

学生：李洁　谢路昕
　　　姜咏茜　龚喆
教师：黄一如　周静敏
　　　贺永
年级：2012 级

学生作业案例　"慢生活社区"

　　在"家家都有一口田"设计概念中，通过路网控制、单元分割等手法获得了醒目的图底关系特征，并通过架空和切除角部解决日照问题；进行道路分级，疏通路网，增加整个网格系统的层次和灵活性；根据每个"园"空间的特点设置不同的主题，主要道路绕开园，由步行小路接入，同时打开的角部与园相接，服务空间为园而建，层层退台。

　　建筑与景观图底转换形成四种街区（block）类型：点式、小庭院围合式、大庭院周边式以及临水开放退台式。对建筑体块进行挖洞处理，空出一些公共活动平台和立体绿化田地。在建筑之间插入架起的儿童活动园地、老年人活动场地以及空中交通连廊，解放地面的田地空间。

　　结合四种街区类型，再次细分网格系统，采取滴入、环绕、架空植入等不同的水景和绿化类型设置，形成小区整体的水景系统和"田"系统。生态方面，将雨水收集、景观水系、田地灌溉与基地自然水系形成一个可以循环的水系统。

　　这个学生组自始至终碰到问题不躲避，一路坚持到最后，虽然获得第二名，但从完成度和深度上都比较出色。

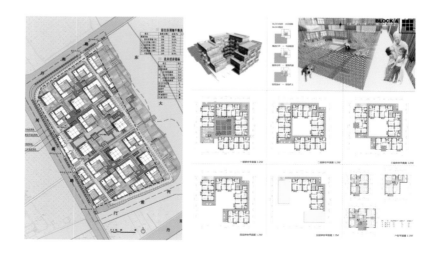

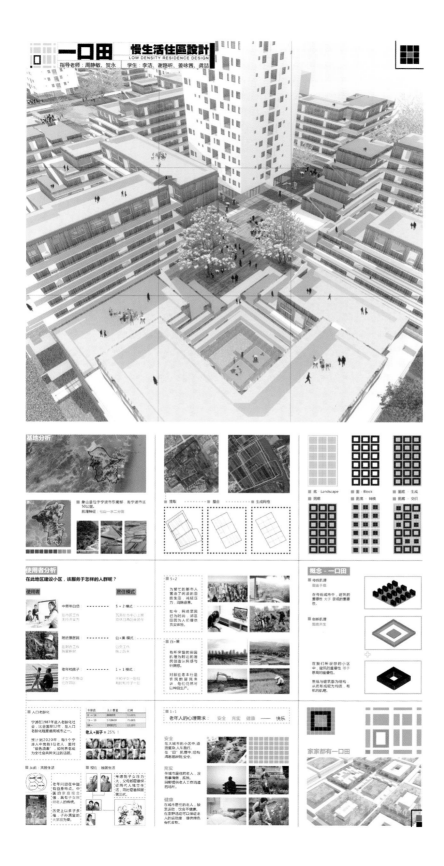

高密度地区城市设计
Urban Design for High Density and Compactness

教师：庄宇 杨春侠
黄林琳 John
HOAL（美国华
盛顿大学）
年级：研究生一年级
下学期
课时：12 周

Teacher: ZHUANG Yu,
YANG Chunxia,
HUANG Linlin,
John HOAL
(University of
Washington)
Grade: Year 1, graduate
Time: 12 weeks

课题

自 2011 年起，同济大学建筑与城市规划学院与美国华盛顿大学建筑学院以"高密度城市研究"为主题，拓展学生的"国际视野"为核心，典型"国外基地"为对象，开展联合城市设计课程教学，至今已连续开展了四届。教学从每年五月初持续至七月末，主要针对国际大都市高密度地区开展城市设计研究，历经实地考察美国典型城市、听取华盛顿大学资深教授课程、国外城市及基地专题研究、国外基地方案设计等联合设计教学环节。参加的老师为双方的教师与职业建筑师。

本课程历年涉及的基地都是国际大都市高密度的核心区域，包括 2011 年的新加坡圣淘沙地区和香港九龙湾地区、2012 年的美国芝加哥三河口地区、2013 年的美国旧金山沿海岸地和东京跨海地区、2014 年的美国纽约哈德逊站场和东京奥运会基地，让同学们可以面对一个不同文化背景下的陌生的城市与基地，在不受本国固有文化背景与思维模式的影响下开展城市研究与设计。

目标

本课程的首要目的是通过完整系统的教学环节设置让学生树立更加全面、综合的城市观、建筑观，并在这个过程中掌握基本的城市研究方法和城市设计方法。这其中，借助科学研究方法深入展开基地所在城市的系统调研是课程重点；将调研的成果通过设计手段转化为区域发展原则及策略是课程难点。本课程希望借助这一过程引导并激发出学生自主发现问题、分析问题、解决问题的能力，将以任务书主导的被动式课程设计教学模式转变为以研究为核心的主动型设计教学模式，而这一模式的转变对于学生适应未来中国城市发展建设的地域性精细化趋势具有重要意义。

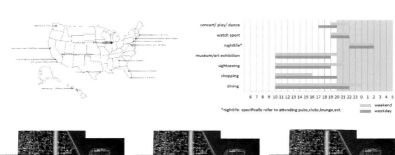

*nightlife: specifically refer to attending pubs,clubs,lounge,ect.

concert/ play/ dance
watch sport
nightlife*
museum/art exhibition
sightseeing
shopping
dining

6 7 8 9 10 11 12 13 14 15 16 17 18 19 20 21 22 23 0 1 2 3 4 5

weekend
weekday

PRESENT
MOST TOURISTS ATTRACTIONS ARE LOCATED ALONG THE LAKE,MICHIGAN AVENUE AND STATE STREET

PHASE ONE
ADD A TOURIST ATTRACTION IN THE CENTER OF CHICAGO

PHASE TWO
CONNECT THE NEW ATTRACTIONS WITH THE EXISITING ONES ALONG THE CHICAGO RIVER

PHASE THREE
REFER THE DOWNTOWN AREAS WITH SMALL ATTRACTIONS. THEN A NETWORK OF ATTRACTIONS IN DOWNTOWN AREA COMES INTO BEING.

芝加哥基地（学生作业：蒋方圆 康晓培 郭雪飞）

GREEN ROOF SYSTEM
A green roof system extend the green land from the Telegraph hill to the Pier area,make it a continuous landscape system.

CORRIDOR SYSTEM
Above the ground, the corridor system make it possible for pedestrains from the Telegraph Hill to reach the theater.

ROUTES
People can choose different routes to experience different side of the site and pick their own way to reach the Pier.

FUCTION SYSTEM
The dark ones refer to the major active points with particular function on the site.

旧金山基地（学生作业：张一功 左雷）

手段

　　本课程由专题讲座、主题研讨、基地调研与课程设计研讨四部分交互整合而成。专题讲座围绕高密度城市历史、社会经济、空间格局、景观生态环境等主题展开；主题研讨基于有针对性的文献阅读展开；基地调研包括远程文献调研和现场走访调研；课程设计研讨由阶段性主题讨论及公开评图组成。

过程

　　教学计划共12周，包括三个部分。第一个部分为"高密度城市研究"，历时3周，具体教学内容包括远程文献调研、专题讲座以及主题研讨。其中在远程文献调研中重点关注基地所在城市历史、人口、经济、气候、生态系统、城市空间形态、文化等方面信息的收集及归纳整理。基于此通过形成远程调研报告让学生们在文献研究过程中对基地所在城市形成一个初步的系统认知。其间结合专题讲座及主题研讨，从理论层面推进学生对基地所在城市的理解。学生分组完成专题报告并汇报。汇报及主题研讨频率较高，并由所有任课教师进行点评。

　　课程第二部分为现场走访调研，历时2周，具体包括公共空间使用、空间形态及社会文化特质调研。基于此让学生们通过这一过程获得对基地所在城市及基地本身的直观感性认识，从而使学生们对基地的认知更全面完整。

　　课程的第三部分为方案设计，历时7周。具体内容由主题讲座和课程设计及阶段性设计研讨组成。学生根据前期调研推导设计概念，并根据研究重点形成不同的小组，每组2~3人。这部分教学模式主要为一对一辅导与全班汇报评图研讨相结合。其中有两次公开评图，六次班内评图环节。高频率的汇报和评图有力地推进了设计的深化。最终所有作业进行公开评图。

CONTEXT

In San Francisco,Walking is an important factor which is the most significant part of the city's characteristic,and it is ranking the second walkable city in the USA,just after New York City.Walking provides numerous benefits, not only for individual health, but also for economic development, neighborhood vitality, and environmental sustainability. San Francisco experiences these benefits from the high volume of pedestrian trips that already occur in the city every day.Walking has become the first concern about San Francisco.

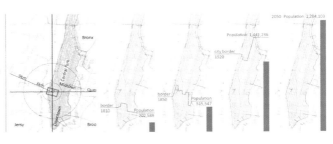

ISSUE

The existing walking survey shows different data about the walkability in San Francisco. Although it is said to be the most walkable city, there are certain areas below standard point.

STRATEGY

The existing walking pattern is a liner-mode which focus on several main streets.We want to improve the pedestrain emvironment by activating a few existing streets by adding new functions and establishing a walking network that will cover the entire region.

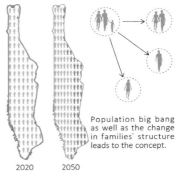

Population big bang as well as the change in families` structure leads to the concept.

2020   2050

设计策略网格分析（学生作业：张一功 左雷）

人流分析（学生作业：张林琦 郗晓阳）

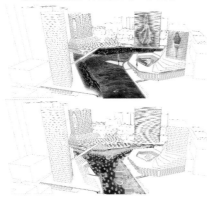

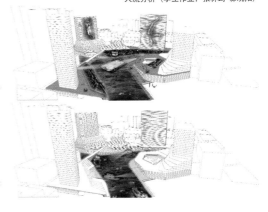

SITE PLAN

STRATEGIES

空间使用方式（学生作业：蒋方圆 康晓培 培雪飞）

学生：张一功 左雷
教师：庄宇 杨春侠
　　　黄林琳
　　　John HOAL
　　　（美国华盛顿
　　　大学）卜冰（集
　　　合设计）
年级：2012 级

学生作业案例之一　"NETWALK"

　　基地为旧金山东侧海湾核心港口地区，方案试图构建一套完善的步行网络将港口地区重要空间节点进行联系，形成具有活力的滨海公共空间系统。设计中通过屋顶步行廊道、街景改造、步行广场、下沉活动空间以及滨海漫步道等设计手法，结合新增的山体酒店、商场、展览馆、剧场及观光塔等标志性建筑物设计，使从电报山至海岸线之间，建立舒适、宜人且具地域特色的步行体系。方案从城市设计的角度解决了旧金山海湾地区的可达性问题，并有效提升区域整体性，对步行体系的考虑和设计策略非常出色。该方案入选 2014 年中国建筑学会建筑教育评估分会评出的境外联合设计展评。

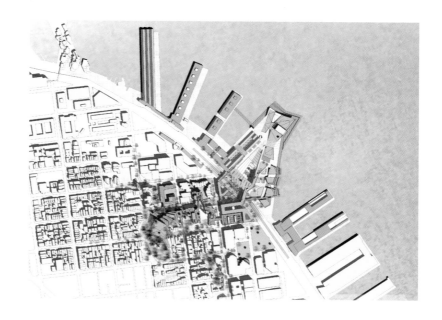

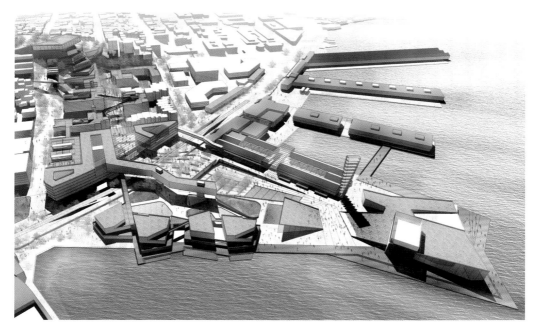

VIEW FROM THE HOTEL

VIEW INSIDE SHOPPING MALL

VIEW FROM THE ROOF

学生：张林琦 郝晓阳
教师：杨春侠 黄林琳
年级：2013 级

学生作业案例之二　"Shared Living Rooms"

基地为纽约曼哈顿岛哈德逊站场区域，通过对纽约传统箱式住宅的研究及纽约人口、家庭结构现状的改变趋势，提出"共享起居空间"概念。并良好的利用了现有地块的滨水优势及交通节点条件，在保证满足居住面积增长的前提下，重组居住空间，将传统住宅中使用率较低的客厅、起居室和阳台选择性提取，并根据街区现有商业及环境进行不同主题的合并与重塑，从而形成由街区到户，从公共到私密的，不同层级共享的有机公共生活空间网络。该方案荣获 2015 年中国建筑学会建筑教育评估分会评出的境外联合设计一等奖第一名。

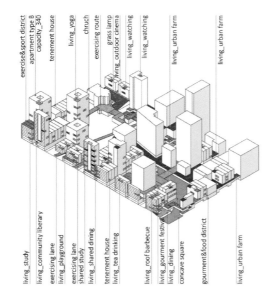

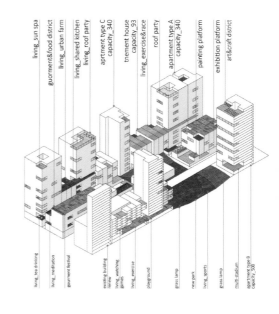

SHARED LIVING ROOMS 02
URBAN DESIGN_HUDSON YARDS,MANHATTAN,NY

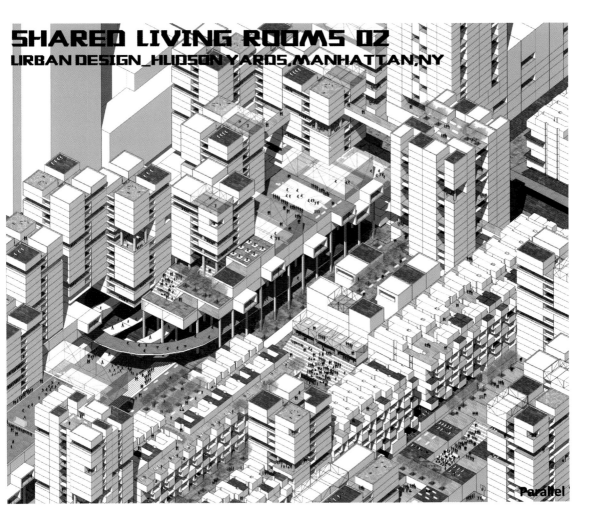

Parallel

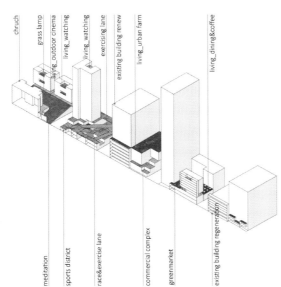

chruch
grass lamp
living_outdoor cinema
living_watching
living_watching
exercising lane
existing building renew
living_urban farm
living_dining&coffee

meditation
sports district
race&exercise lane
commercial complex
greenmarket
existing building regeneration

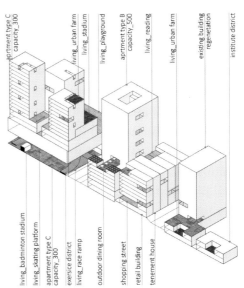

aprtment type C
capacity_300
living_urban farm
living_stadium
living_playground
aprtment type B
capacity_500
living_reading
living_urban farm
existing building
regenetation
institute district

living_badminton stadium
living_skating platform
apartment type C
capacity_300
exersice district
living_race ramp
outdoor dining room
shopping street
retail building
tenement house

研究生

同济—夏约中法遗产保护联合设计
山西水磨头村联合教学

Ecole de Chaillot & Tongji Univerity Joint Studio on Architecture Conservation: Shuimotou Village, Shanxi Province

教师：邵甬 张鹏
Benjamin MOU
-TON（Chaillot）
Alain VERNET
（Chaillot）
年级：硕士研究生
博士研究生
课时：1~1.5 学年

Teacher: SHAO Yong,
ZHANG Peng,
Benjamin
MOUTON
(Chaillot), Alain
VERNET(Chaillot)
Grade: graduate, Ph.D
student
Time: 1-1.5 year

课题

同济和夏约在遗产保护方面的合作已有十多年的历史，这项联合设计自 2007 年启动，已相继在安徽查济、山西梁村、山西水磨头村成功举办过三次，第四次贵州增冲联合设计正在进行当中。

山西水磨头村联合教学选择了平遥水磨头村风土遗产做为设计对象，规划层面的设计覆盖了整个村落及其周边景观，建筑层面的设计除对村落建筑遗产的整体调查外，还针对戏台和一组民居进行了详细修复和利用设计。参加者包括夏约学校的 2 名教师和 8 名同学、同济大学的 2 名教师和 8 名同学。法国学生多是具有丰富经验的建筑师，通过在夏约的学习并毕业后，他们将获得参与国家列级建筑遗产保护项目的资格；同济学生则是来自建筑系、规划系的遗产保护方向的硕士研究生和博士研究生，他们中的部分本科毕业于同济大学的历史建筑保护工程专业。

目标

这是一项围绕乡村聚落与风土建筑开展的联合教学活动，所选择的教学对象体现了文化遗产的意义和重要性，往往兼具了丰富的人文背景和历史层次。历史建筑本身独特的建筑结构，面临着复杂的病理破坏以及再生设计的需求。因而整体的遗产保护工作必须始于对大量信息的采集、解读和诠释。

成效包括：①同济—夏约遗产保护联合教学建立了中法遗产保护理念、方法和技术的教学交流平台，形成了独具特色的教学理念和方法。通过保护理念、遗产认识和保护方法等多个层面的教学，培养了跨学科并具国际视野的遗产保护人才；②通过教学过程和成果展示，以及后期面向社会的出版宣传，促进了保护理念的普及，并事实上推进了遗产地的保护进程，教学成果付诸实施；③联合教学是中法文化交流的重要组成部分，教学成果在世博论坛、世界城市论坛等重要场合向世界展示。

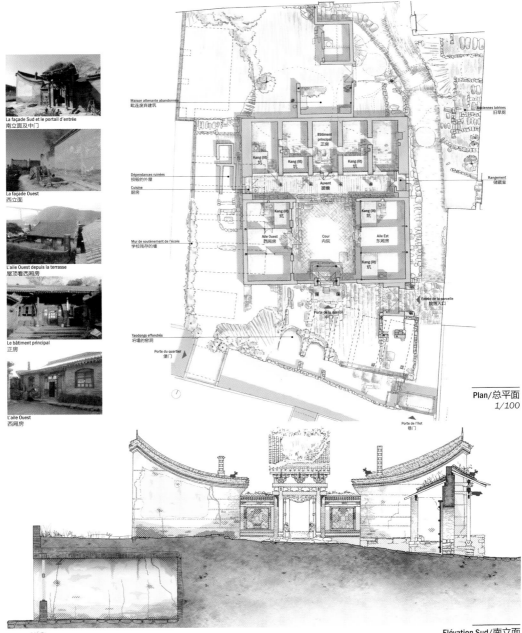

La façade Sud et le portail d'entrée
南立面及中门

La façade Ouest
西立面

L'aile Ouest depuis la terrasse
屋顶看西厢房

Le bâtiment principal
正房

L'aile Ouest
西厢房

Maison attenante abandonnée
毗连废弃建筑

Dépendances ruinées
损毁的外屋

Cuisine
厨房

Mur de soutènement de l'école
学校残存的墙

Yaodongs effondrés
坍塌的窑洞

Bâtiment principal
正房

Kang (lit)
炕

Kang (lit)
炕

Kang (lit)
炕

Auvent
披檐

Kang (lit)
炕

Kang (lit)
炕

Aile Ouest
西厢房

Cour
内院

Aile Est
东厢房

Kang (lit)
炕

Porte de la maison
中门

Anciennes latrines
旧旱厕

Rangement
储藏室

Entrée de la parcelle
地块入口

Porte du quartier
堡门

Plan/总平面
1/100

Porte de l'îlot
巷门

Elévation Sud/南立面

271

手段

通过这项联合设计，学生们将学习从在宏观的区域层面、中观的聚落层面和微观的建筑层面，对物质、社会、经济、文化等方面进行分析和综合处理。他们必须掌握多学科团队合作工作方法，根据当时所呈现的问题汇集相应的专家。他们需要一套严谨的工作方法来完成对一个事物的解读、描述、诊断和分析。

过程

每次联合设计大约跨度为两个学期甚至更长，可大致分为四个阶段：

阶段一：联合设计通常始于一次在金秋十月举行的 10 天左右的联合现场调查。调查分为宏观、中观和微观三个层次。宏观层面关注村落周边自然景观、环境关系、风土人情、地方作物等；中观层面则聚焦于地块形式、建筑类型学、建筑价值分析、建筑保存状况等物质层面要素和民间工艺、传统风俗等非物质文化遗产要素等；微观层面则聚焦于戏台和民居两个重点区域进行详细测绘和病理记录，调查建筑的营造特征和地方匠艺。在完成现场调查后，学生们将现场绘制的草图进行扫描共享，并确定第二阶段的工作时间节点。

阶段二：约 5 个月，中法学生分别进行规划和建筑两个方面的现状分析、价值判断和保护概念设计。规划层面的工作包括区位、景观要素分析、水系分析、聚落结构分析、建筑风貌与现状分析等；建筑层面的工作包括测绘稿整理，建筑的结构及其病理分析，材料及其病理分析等。

阶段三：约 10 天，中法学生一起进行联合保护快题设计，确定整体思路、主要图纸和分工，双方教师对学生的阶段性成果进行点评。

阶段四：约 2 个月，对图纸进行深化并形成最终成果，策划成果在遗产所在地的展览和与当地政府和居民的交流。

1 Dans une première phase, des yadongs en pierre sans aile sont construits sur un socle en pierre. Les yaodongs le long de la rue Sud sont situés en retrait.
第一阶段，在石头垒上建造单联式石窑洞。沿南面街道而建的窑洞呈内缩式。

3 Le bâtiment adossé au logis s'effondre, entraînant la destruction de l'angle Nord-Ouest. Il est alors reconstruit, ainsi que les deux yaodongs en contre-bas.
房子背后的附着建筑因倒塌造成了房子西北角的损坏。倒塌建筑和下层的窑洞已重建。

2 La maison a désormais deux cours successives. Les yaodongs de la rue Sud s'avancent, ceux de l'Ouest reculent. Une porte de quartier est instal-lée.
房子自始有了两个前后院。南街的窑洞向前推进，西面的窑洞则后退。安置街区的门坊。

4 Actuellement, les deux ailes fermant la première cour ont disparu. La mai-son se compose d'une cour unique encadrée de deux ailes en retour.
目前，由两翼建筑围合的前院已经消失。房子由两翼围合的后院组成。

■ Disparition/消失
■ Apparition et/ou modification/被修改

Hypotheses d'evolution historique
历史沿革

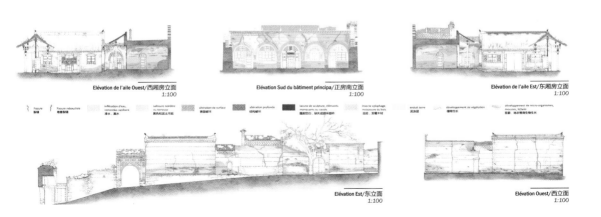

Elévation de l'aile Ouest/西厢房立面 1:100

Elévation Sud du bâtiment principa/正房南立面 1:100

Elévation de l'aile Est/东厢房立面 1:100

Elévation Est/东立面 1:100

Elévation Ouest/西立面 1:100

学生作业案例 "山西水磨头村"

　　民居部分的历史演进分析与构造、病理分析：通过现状测绘对民居院落内各栋建筑的形制进行了详细分析，结合现场的一些遗留痕迹，以及居民口述史的调查，厘清了民居院落的历史演进过程。建筑病理分布详细呈现了建筑的墙体开裂、沉降、砖墙潮湿、缺失、霉变、泛碱等诸多病理现象，是后续修复设计的依据。

　　民居部分的大木结构与构造分析：在测绘基础上，以剖面、轴测图示解析了民居建筑木结构、斗拱细部、屋顶层次、门窗构造和彩绘。通过口述史调查，对居住者的家庭结构和空间使用进行了分析。

　　民居的结构病理及加固设计：在测绘和病理调查基础上，分析了山地民居的地基位移是民居出现沉降和裂缝的重要原因，并针对这一病理给出了加固设计方案。

Elévation Sud/南立面

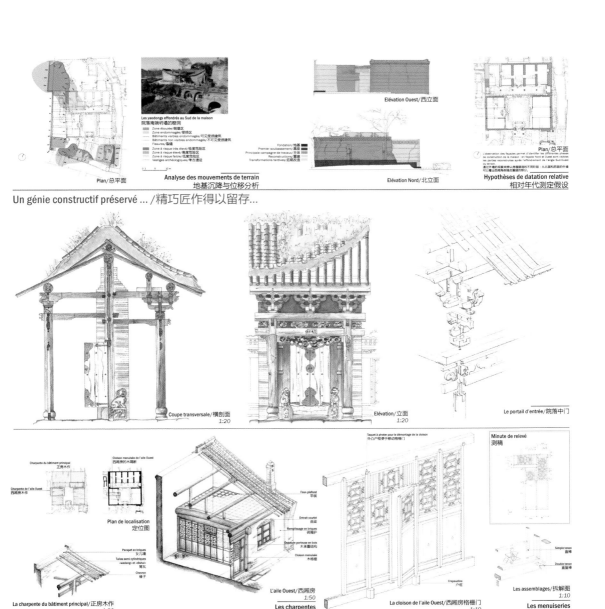

Les yaodongs effondrés au Sud de la maison
院落南端坍塌的窑洞

Zone éboulée/倒塌区
Zone endommagée/受损区
Bâtiments visibles endommagés/可见受损建筑
Bâtiments non visibles endommagés/不可见受损建筑
Fissures/裂缝
Zone à risque très élevé/极高危险区
Zone à risque élevé/高度危险区
Zone à risque faible/低度危险区
Vestiges archéologiques/考古遗迹

Plan/总平面

Analyse des mouvements de terrain
地基沉降与位移分析

Elévation Ouest/西立面

Fondation/地基
Premier soubassement/基座
Principale campagne de travaux/主体
Reconstructions/重建
Transformations tardives/后期改造

Elévation Nord/北立面

Plan/总平面

Hypothèses de datation relative
相对年代测定假设

Un génie constructif préservé ... /精巧匠作得以留存...

Coupe transversale/横剖面
1:20

Elévation/立面
1:20

Le portail d'entrée/院落中门

Charpente du bâtiment principal/正房木作
Charpente de l'aile Ouest/西厢房木作

Cloison menuisée de l'aile Ouest/西厢房长木隔断

Plan de localisation
定位图

Parapet en briques/女儿墙
Tuiles semi-cylindriques «wadang» et «lishu»/瓦当瓦
Chevron/椽子

La charpente du bâtiment principal/正房木作
1:50

Faux-plafond/平棋
Entrait courbé/曲梁
Remplissage en briques/砖围护
Ossature porteuse en bois/木承重结构
Cloison menuisée/木格栅

L'aile Ouest/西厢房
1:50

Les charpentes
木构架

Taquet à pivoter pour le démontage de la cloison
外凸户棂便于移走边侧隔断门

Minute de relevé
测稿

Simple tenon/直榫
Double tenon/直叠榫

Crapaudine/户枢

La cloison de l'aile Ouest/西厢房格栅门
1:10

Les assemblages/拆解图
1:10

Les menuiseries
木作

... par une continuité de l'usage /...持续地使用

Niche/壁龛
KANG (lit)/炕
ZAO (four)/灶
Foyer/炉膛
terre / paille/土墙或炕抹灰

Le «lit chauffant» traditionnel
传统热炕

Mobilier
家具

Minute de relevé
测稿

Patriarches~ 80 ans/长辈约80岁
1ère génération~ 55 ans/第一代,约55岁
2ème génération~ 30 ans/第二代,约30岁
3ème génération~ 8 ans/第三代,约8岁

Habitants
居住者

Occupation actuelle de la maison

Hypothèse d'occupation «traditionnelle» de la maison
传统使用的室内空间

Usage
使用

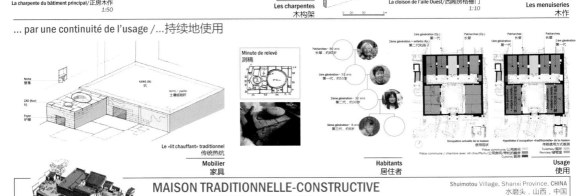

MAISON TRADITIONNELLE-CONSTRUCTIVE ET USAGE / 民居院落- 建造与使用

Shuimotou Village, Shanxi Province, CHINA
水磨头,山西,中国

Atelier croisé / Sharing Workshop 2011/2012   Ecole de Chaillot - Paris / Tongji University - Shanghai
2011/2012 中法联合设计   夏约学校-巴黎 / 同济大学-上海

...en l'adaptant au confort moderne / ...适应现代舒适需求的方案

Douche semi-enterrée
半下沉浴室

Citerne en toiture
屋顶水箱

Douche
淋浴

Système de trappe modulable
组合式地板门系统

Construction de deux escaliers latéraux
两侧楼梯的重建

Rétablissement d'un accès direct à la terrasse en remplacement du système provisoire actuel par la construction de deux escaliers accolés aux façades Nord des ailes. La place gagnée sous l'escalier est utilisée pour l'aménagement de sanitaires ou de rangements.

通过在两厢的北外墙处附设楼梯取代现行的出入系统来恢复进出露台的直接通道。楼梯下方空间可作卫生间或储物间。

Restitution des décors de faîtages
修复屋顶装饰

Restitution des décors en terre cuite, à motifs de dragon, d'après les exemples retrouvés dans différentes parties de la maison.
参照屋内各处发现的样例，用土修复龙纹瓦的装饰。

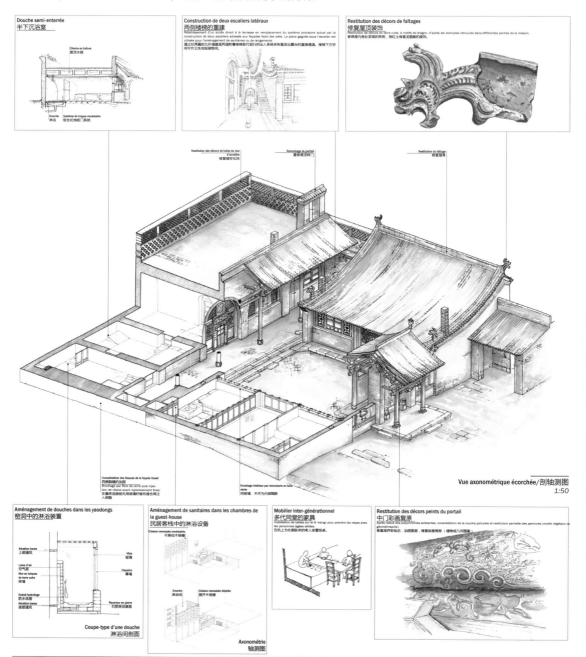

Restitution des décors de tuiles du mur
d'acrotère
修复隔空瓦饰

Remontage du portail (中门)
重修屋顶砖门

Restitution du faîtage
修复屋脊

Consolidation des fissures de la façade Ouest
西侧裂缝的加固

Brochage par fibre de verre puis injection de résine avant rejointement final/
在墙体处钻孔先用玻璃纤维布接合再以树脂压密
(最后封缝)

Doublage intérieur par menuiserie en bois
vitrée
用玻璃，木作为内部隔断

Vue axonométrique écorchée/剖轴测图
1:50

Aménagement de douches dans les yaodongs
窑洞中的淋浴装置

Aération haute
上部通风

Lame d'air
空气隔层

Mur en briques
de terre cuite
砖墙

Endult hydrofuge
防水涂层

Aération basse
底部通风

Vitre
玻璃

Claustra
幕墙

Receveur en pierre
石质淋浴基座

Coupe-type d'une douche
淋浴间剖面

Aménagement de sanitaires dans les chambres de la guest-house
民居客栈中的淋浴设备

Cloison menuisée modulable
可移动木格栅

Douche:
淋浴

Cloison menuisée dépliée
展开木格栅

Axonométrie
轴测图

Mobilier inter-générationnel
多代同堂的家具

Installation de tables sur le lit «kang» pour prendre les repas avec les personnes âgées alitées.
在炕上为长期卧床的老人安置饭桌。

Restitution des décors peints du portail
中门彩画复原

Après relevé des polychromies existantes, consolidation de la couche picturale et restitution partielle des peintures (motifs végétaux ou géométrisants).
修复现存彩绘地层，加固图层，修复轮廓局部（植物或几何图案）。

L'hospitalité, une activité touristique complémentaire adaptée à son architecture / 新增具适应性的旅游设施

MAISON TRADITIONNELLE- PROJECT 2 /
民居院落-保护与利用方案二

Atelier croisé / Sharing Workshop 2011/2012   Ecole de Chaillot · Paris / Tongji University · Shanghai
2011/2012 中法联合设计   夏约学校·巴黎 / 同济大学·上海

Shuimotou Village, Shanxi Province, **CHINA**
水磨头，山西，中国

水磨头联合设计之章

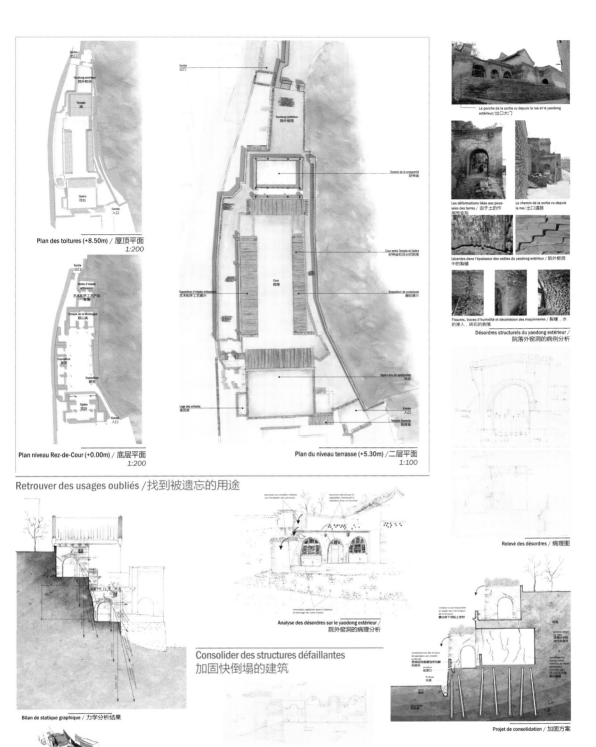

Plan des toitures (+8.50m) / 屋顶平面
1:200

Plan niveau Rez-de-Cour (+0.00m) / 底层平面
1:200

Plan du niveau terrasse (+5.30m) /二层平面
1:100

Le porche de la sortie vu depuis la rue et le yaodong extérieur/ 出口大门

Les déformations liées aux poussées des terres / 由于土的作用而变形

Le chemin de la sortie vu depuis la rue / 出口道路

Lézardes dans l'épaisseur des voûtes du yaodong extérieur / 院外窑洞中的裂缝

Fissures, traces d'humidité et décohésion des maçonneries / 裂缝，水的渗入，砖石的剥落

Désordres structurels du yaodong extérieur / 院落外窑洞的病例分析

Relevé des désordres / 病理图

Retrouver des usages oubliés /找到被遗忘的用途

Analyse des désordres sur le yaodong extérieur / 院外窑洞的病理分析

Consolider des structures défaillantes
加固快倒塌的建筑

Bilan de statique graphique / 力学分析结果

Projet de consolidation / 加固方案

TEMPLE ET OPÉRA-REDONNER /
庙和戏台-建筑修缮

Shuimotou Village, Shanxi Province, CHINA
水磨头，山西，中国

Atelier croisé / Sharing Workshop 2011/2012   Ecole de Chaillot - Paris / Tongji University - Shanghai
2011/2012 中法联合设计   夏约学校-巴黎 / 同济大学-上海

后记

Epilogue

　　设计教学是建筑学专业教育的核心。经过几代人的不断探索和积累，同济大学建筑系在长期的设计教学实践中形成了自身的体系与特色。进入 21 世纪以来，中国建筑学教育的外部环境发生了诸多变化，这也促使我们在教学中不断开拓与创新，这些点滴的持续探索都以各种方式呈现在设计教案之中。在此也感谢全体教师对于设计教学的热忱奉献。

　　由于篇幅所限，本书选取了各阶段设计教学的部分典型教案，分为：基础教学，三、四年级，毕业设计和研究生课程设计四个部分，展示出同济大学建筑系设计教学的整体面貌。为满足出版要求，我们在尽可能保留原有信息的基础上对图纸进行了筛选编排。希望这一书籍的出版可引发对建筑学专业设计教学的进一步思考和探索，并请同仁们不吝批评指正。

同济大学建筑与城市规划学院建筑系

2015 年 10 月

图书在版编目（ＣＩＰ）数据

同济建筑设计教案 / 同济大学建筑与城市规划学院
建筑系编著 . -- 上海 : 同济大学出版社 , 2015.11
ISBN 978-7-5608-6037-4

Ⅰ . ① 同… Ⅱ . ① 同… Ⅲ . ① 建筑设计—教案（教育）
—高等学校 Ⅳ . ① TU2-42

中国版本图书馆 CIP 数据核字 (2015) 第 242463 号

同济建筑设计教案
TEACHING PLANS OF ARCHITECTURAL DESIGN,CAUP, TONGJI UNIVERSITY

同济大学建筑与城市规划学院建筑系 编著

出品人：支文军
责任编辑：江岱
助理编辑：袁佳麟
责任校对：徐春莲
版式设计：杨勇
出版发行：同济大学出版社 （上海四平路 1239 号 邮编：200092 电话：021-65985622）
经　　销：全国各地新华书店
印　　刷：上海安兴汇东纸业有限公司
开　　本：787×1092mm　1/16
印　　张：17.5
字　　数：350 000
版　　次：2015 年 10 月第 1 次版　2015 年 12 月第 2 次印刷
书　　号：ISBN 978-7-5608-6037-4
定　　价：150.00 元

本书若有质量问题，请向本社发行部调换